中国自主基础软件
技术与应用丛书

“十四五”时期国家重点出版物出版专项规划项目

统信UOS
系统管理教程

统信软件技术有限公司◎著

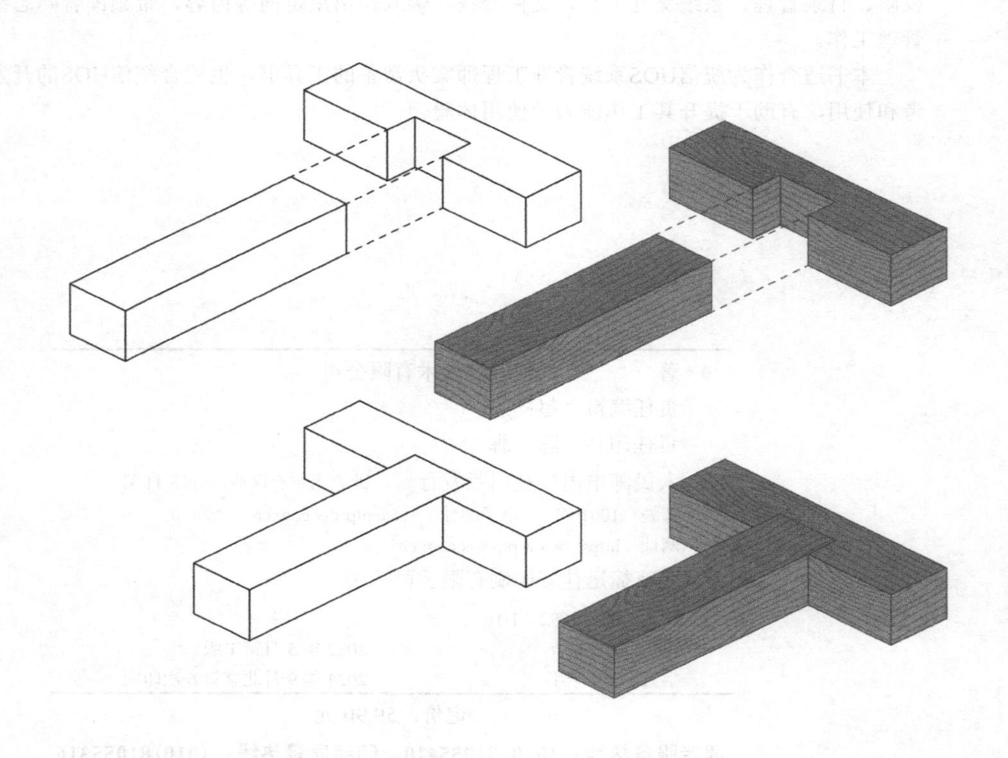

人民邮电出版社
北京

图书在版编目（CIP）数据

统信UOS系统管理教程 / 统信软件技术有限公司著
. -- 北京 : 人民邮电出版社, 2022.5
（中国自主基础软件技术与应用丛书）
ISBN 978-7-115-58448-9

Ⅰ. ①统… Ⅱ. ①统… Ⅲ. ①操作系统－教材 Ⅳ.
①TP316

中国版本图书馆CIP数据核字(2022)第014167号

内 容 提 要

统信UOS基于Linux内核，同源异构支持5种CPU架构和7个国产CPU平台，为用户提供高效简洁的人机交互方式、美观易用的桌面应用、安全稳定的系统服务，是真正可用和好用的自主操作系统。

本书是一本关于统信UOS系统管理的实用教程，内容循序渐进，理论讲解与场景应用相互结合。全书从统信UOS的安装、Linux的基础操作开始，逐步讲解用户管理、密码管理、组管理、文件属性与权限、目录管理、系统交互工具、文件查找、输入输出重定向等内容，带领读者熟悉统信UOS的系统管理工作。

本书适合作为统信UOS系统管理工程师案头常备的工具书，也适合统信UOS的开发人员及用户参考和使用，有助于提升其工作能力和使用体验。

◆ 著　　　　统信软件技术有限公司
责任编辑　赵祥妮
责任印制　陈　犇

◆ 人民邮电出版社出版发行　　北京市丰台区成寿寺路 11 号
邮编　100164　　电子邮件　315@ptpress.com.cn
网址　https://www.ptpress.com.cn
北京捷迅佳彩印刷有限公司印刷

◆ 开本：787×1092　1/16
印张：11.25　　　　2022 年 5 月第 1 版
字数：234 千字　　　　2024 年 9 月北京第 6 次印刷

定价：59.90 元

读者服务热线：(010)81055410　印装质量热线：(010)81055316
反盗版热线：(010)81055315
广告经营许可证：京东市监广登字 20170147 号

《统信 UOS 系统管理教程》编委会

作为国产操作系统领军产品，统信 UOS 发展迅速，用户数量已突破百万。在国产操作系统走向各行业、稳步发展的过程中，最核心、最重要的是让用户掌握操作系统的使用、维护和管理，这也是各行各业的系统技术以及维护人员需掌握的最基本技能。用好系统，充分发挥系统的性能，依赖于系统运维和管理工作，而这是一项专业的技术活。

一本实用的教材能给系统管理人员提供专业的技术支持和指导。本书立足于“从专业角度用好统信 UOS”，对统信 UOS 的安装、配置、运行、维护、管理等方面进行讲解。

本书从技术人员的视角出发，突出系统的运行、维护和管理的重要性。首先，一个系统能否发挥出最佳性能，在很大程度上取决于系统的配置策略；其次，随着系统的运行和众多应用的安装，系统的各项配置文件会发生变化、性能会下降、安全性会降低，甚至会爆出安全漏洞，这就需要系统管理人员及时清理、备份、调整运行策略，使系统始终处于最优状态；同时，各类需求的产生也需要系统管理人员按照要求对系统做出及时地调整和维护。这一切，都需要系统管理人员熟练掌握系统管理的相关知识。

本书通过用户管理、目录管理、进程管理等 10 余个主题介绍系统管理的知识与技术，示例基于实际生产环境，结合统信 UOS 的特点，更具参考价值。本书填补了市面上关于统信 UOS 系统管理资料的空白，把专业技术人员所应掌握的技能点梳理编集成册。希望本书能给广大喜爱并支持统信 UOS 的用户提供帮助。

马宝驰

统信软件技术有限公司 副总经理

2022 年 3 月

前　言

统信软件技术有限公司（简称统信软件）于 2019 年成立，总部位于北京经开区信创园，在全国共设立了 6 个研发中心、7 个区域服务中心、3 地生态适配认证中心，公司规模和研发力量在国内操作系统领域处于第一梯队，技术服务能力辐射全国。

统信软件以“打造操作系统创新生态，给世界更好的选择”为愿景，致力于研发安全稳定、智能易用的操作系统产品，在操作系统研发、行业定制、国际化、迁移适配、交互设计等方面拥有深厚的技术积淀，现已形成桌面、服务器、智能终端等操作系统产品线。

统信软件通过了 CMMI 3 级国际评估认证及等保 2.0 安全操作系统四级认证，拥有 ISO27001 信息安全管理体系认证、ISO9001 质量管理体系认证等资质，在产品研发实力、信息安全和质量管理上均达到行业领先标准。

统信软件积极开展国家适配认证中心的建设和运营工作，已与 4000 多个生态伙伴达成深度合作，完成 20 多万款软硬件兼容组合适配，并发起成立了“同心生态联盟”。同心生态联盟涵盖了产业链上下游厂商、科研院所等 600 余家成员单位，有效推动了操作系统生态的创新发展。（上述数据截至 2022 年 3 月，相关数据仍在持续更新中，详见统信 UOS 生态社区网站 www.chinauos.com）

目　录

第01章 统信 UOS 概述

第02章 统信 UOS 的安装

第03章 Linux 的基础操作

第04章 用户、密码和组管理

第05章 文件属性与权限

第 13 章 统信 UOS 启动

第 14 章 网络管理

第 15 章 硬盘管理

第 01 章

统信 UOS 概述

统信 UOS 通过对硬件外设的适配支持，对应用软件的兼容和优化，以及对应用场景解决方案的构建，可满足项目支撑、平台应用、应用开发和系统定制的需求，体现了当今 Linux 操作系统发展的第一梯队水平。

本章从 Linux 操作系统开始介绍，以使读者了解统信 UOS 是什么、统信 UOS 的发展，以及它与 Linux 的关系。

1.1 Linux 操作系统介绍

在介绍统信 UOS 之前，先对 Linux 操作系统进行简要介绍。

1.1.1 Linux 操作系统发展简史

Linux，全称 GNU（GNU's Not UNIX）/Linux，是一套免费使用和自由传播的类 UNIX 操作系统，是基于 POSIX（Portable Operating System Interface，可移植操作系统接口）的多用户、多任务、支持多线程和多 CPU 的操作系统，最早由芬兰赫尔辛基大学学生林纳斯 · 托瓦兹（Linus Torvalds）（见图 1-1）于 1991 年开发并发布。

图 1-1 林纳斯 · 托瓦兹

随着互联网的发展，Linux 得到了来自全世界软件爱好者、组织、公司的支持。它除了在服务器方面保持着强劲的发展势头以外，在个人计算机、嵌入式系统上都有着长足的进步。用户不仅可以获取该操作系统，而且可以根据自身的需要来修改和完善 Linux。

Linux 具有开放源代码、没有版权、技术社区用户多等特点。开放源代码使得用户可以自由裁剪，系统灵活性高、功能强大、使用成本低。尤其是系统中内嵌网络协议栈，经过适当的配置就可实现路由器的功能。同时其核心——防火墙组件性能高效、配置简单，可保证系统的安全。

1.1.2 Linux 操作系统的特点

不同于常见的桌面操作系统 Windows，Linux 操作系统（标志如图 1-2 所示）具有以下鲜明特点。

图 1-2 Linux 标志

1. 完全免费

Linux 是一款免费的操作系统，用户可以通过网络或其他途径免费获得，并可以任意修改其源代码。这是其他操作系统所做不到的。正是由于这一点，来自全世界的无数程序员参与了 Linux 的修改、编写工作。程序员可以根据自己的兴趣和灵感对其进行修改，这让 Linux 吸收了无数程序的“精华”，不断壮大。

2. 完全兼容 POSIX 1.0 标准

这使得用户可以在 Linux 下通过相应的模拟器运行常见的 DOS、Windows 程序。这能够为用户从 Windows 转到 Linux 奠定基础。许多用户在考虑是否使用 Linux 时，首先会考虑以前在 Windows 下常见的程序能否正常运行，这一特点就可消除他们的疑虑。

统信软件教育与考试中心

统信软件教育与考试中心（简称统信教考中心）是统信软件技术有限公司（简称统信软件）的官方培训认证部门，主要负责统信软件教育品牌的打造、人才梯队的建设、人才生态的构建、信创领域培训和认证体系的建设等工作。

统信教考中心致力于推动信息技术应用创新工作的发展，提供培训课程，大力开展课程共建、联合教材、联合实验室和授权认证考点的落地工作。

院校解决方案

- **官方授权**。统信软件是信息技术应用创新人才标准验证与应用试点单位，参与信创从业人员标准的制定，开发的课程和教材进入信创培训课程资源库，入选特色化示范性软件学院合作企业。

- **信创课程体系**。依托信创生态联盟的产业资源及行业优势，以产业人才需求促进课程的改革和优化，持续更新教学内容、完善课程体系，支持新学科课程体系及课程内容建设，共同推进优质教学资源共享、提升新学科教学质量。

- **师资培训**。包括各种专业讲座、线上线下培训活动、专业讲师认证证书、金牌讲师称号、统信年度讲师等，教师还可参与技术培训、课程研发、教材共研等，以拓宽视野、对接行业动态。

- **优质资源**。为合作伙伴提供教学大纲、课程文档、教学视频、项目案例、实验手册、操作系统软件等，重点支持学校实验室建设、课程改革、教材共研、企业认证、专家讲堂等。

- **信创认证考试中心**。与全国高校陆续开展信创实验室、信创实训实践中心、人才培养基地、科研中心等建设工作；通过部署云端考试认证平台、实训平台、在线学习平台等方式，满足高校师生进行学习演练与考试认证的多样需求。

- **信创大赛**。定期举办全国信创“大比武”桌面软件开发大赛，广泛邀请全国院校师生参与大赛。

- **人才引进**。面向全国高校应届毕业生、在校生，持续开展校园招聘工作，联合高校进行人才培养计划的实施与落地。

官方认证体系

统信 UOS 认证体系涵盖初学者与技术人员两大类别，分别颁发“统信 UOS 培训认证证书”和“统信 UOS 技术认证证书”，分为云计算、研发、信息安全、项目管理、讲师五大课程方向，每个方向分为 UCA（统信认证工程师）、UCP（统信认证高级工程师）、UCE（统信认证专家）3 个等级。

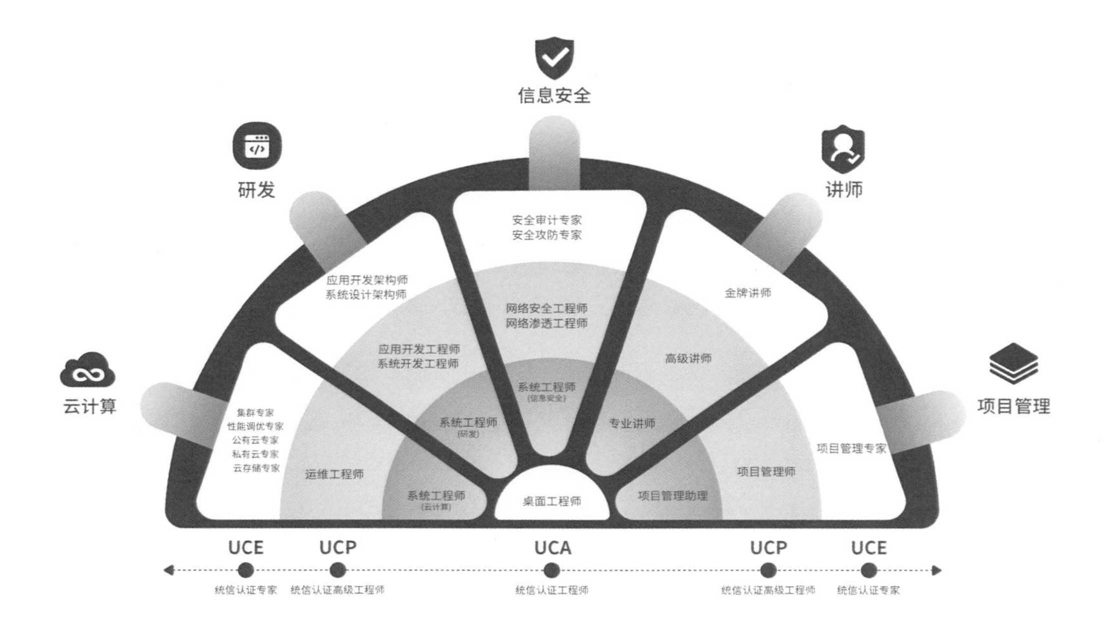

联系方式

- 按“姓名 + 高校 / 专业 + 合作需求”格式，发邮件至 peixunbu@uniontech.com，工作人员将于 5 个工作日内给予回复。
- 统信教考中心网址：https://edu.uniontech.com

统信软件公众号

统信教考中心

人邮异步教育

咨询师资培训、统信 UOS 认证考试、全国信创“大比武”桌面软件开发大赛合作详情。

3. 多用户、多任务

Linux 支持多用户，各个用户对于自己的文件设备有自己特殊的权利，保证各用户之间互不影响。多任务则是现代计算机最主要的一个特点，Linux 可以使多个程序同时并独立地运行。

4. 良好的界面

Linux 同时具有字符界面和图形界面。在字符界面，用户可以通过键盘输入相应的命令来进行操作。Linux 同时提供类似 Windows 图形界面的 X Window 系统，用户可以使用鼠标对其进行操作。X Window 环境和 Windows 相似，可以说是一个 Linux 版的 Windows。

5. 支持多种平台

Linux 可以运行在多种硬件平台上，如具有 x86、680x0、SPARC、Alpha 等处理器的平台。此外 Linux 还是一种嵌入式操作系统，可以运行在掌上电脑、机顶盒或游戏机上。2001 年 1 月发布的 Linux 2.4 的内核已经能够完全支持 Intel 64 位芯片架构。同时 Linux 也支持多处理器技术。多个处理器同时工作，能使系统性能大大提高。

1.1.3 Linux 的发行版本

从技术上来说，林纳斯 · 托瓦兹开发的 Linux 只是一个内核。内核指的是提供设备驱动、文件系统，以及进程管理、网络通信等功能的系统软件。内核并不是一套完整的操作系统，它只是操作系统的核心。将 Linux 内核与各种软件和文档包装起来，并提供操作系统安装界面和系统配置、设定与管理工具，就构成了 Linux 的发行版本。图 1-3 和图 1-4 所示的是 Linux 的部分发行版本。

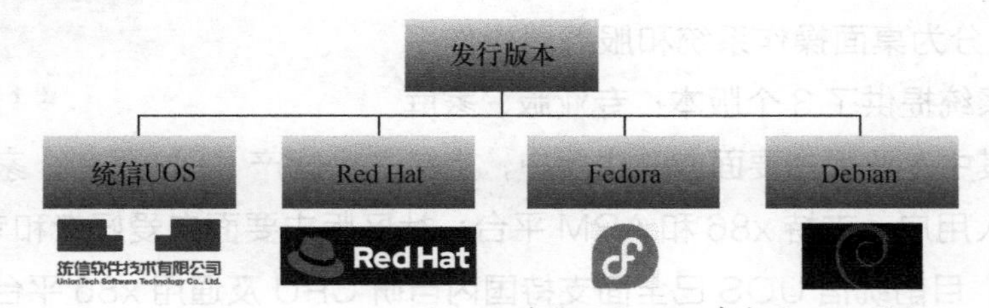

图 1-3　包括统信 UOS 在内的 Linux 发行版

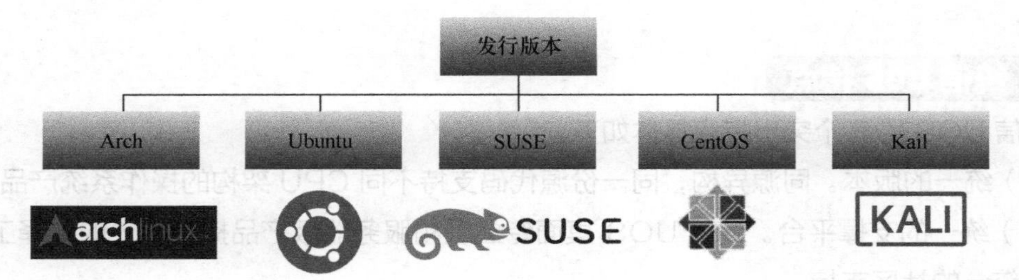

图 1-4　Linux 发行版

在 Linux 的发展过程中，使用同一个 Linux 内核的各种 Linux 发行版起了巨大的作用，正是它们推动了 Linux 的应用，从而让更多的人开始关注 Linux。更确切地说，这些发行版应该叫作“以 Linux 为核心的操作系统软件包”。统信 UOS 则是其中的一个发行版。

1.2 统信 UOS

统信 UOS 基于深度操作系统（deepin），可以说统信 UOS 是站在巨人肩膀之上成长起来的。deepin 拥有很好的社区基因，在全球几百款 Linux 国际发行版排行中，长期居于前十名，受欢迎程度甚至可以比肩“大名鼎鼎”的 Ubuntu 等，并拥有全球 33 个国家的 105 个镜像站点。在此基础之上，统信 UOS 团队“集结”了国内众多操作系统研发人才，专注 Linux 操作系统的研发工作。

1.2.1 统信 UOS 概述

统信 UOS 是由统信软件技术有限公司（简称统信软件）、深之度科技等联合开发的一款国产 Linux 发行版，其基于 Linux 内核，同源异构支持 5 种 CPU（Central Processing Unit，中央处理器）架构和 7 个国产 CPU 平台，提供高效简洁的人机交互、美观易用的桌面应用、安全稳定的系统服务，是真正可用和好用的自主操作系统，其界面如图 1-5 所示。

图 1-5　统信 UOS 界面

统信 UOS 分为桌面操作系统和服务器操作系统，桌面操作系统提供了 3 个版本：专业版、家庭版和社区版。其中专业版主要面向政企用户，支持 7 个国产 CPU 平台；家庭版主要面向中小企业和个人用户，支持 x86 和 ARM 平台；社区版主要面向爱好者和专业技术人员，支持 x86 平台。目前统信 UOS 已全面支持国内自研 CPU 及通用 x86 平台，具有安全稳定、美观易用、智能协同的特点，已经实现适配的软硬件产品超过 3000 款。

1.2.2 统信 UOS 特点

统信 UOS 的 6 个突出特点具体如下。

（1）统一的版本。同源异构，同一份源代码支持不同 CPU 架构的操作系统产品。

（2）统一的支撑平台。统信 UOS 桌面专业版和服务器版产品提供统一的编译工具链，并提供统一的社区支持。

（3）统一的应用商店和仓库。统信 UOS 应用商店支持签名认证，提供统一安全的应用软件发布渠道。统信 UOS 支持的 CPU 平台及其对应架构、型号如表 1-1 所示。

表 1-1 统信 UOS 支持的 CPU 平台及其对应架构、型号

CPU 平台	CPU 架构	CPU 型号
龙芯	MIPS64 与 LoongArch	龙芯（3A3000/4000、3B3000/4000）
申威	SW64	申威（421、1621）
鲲鹏	ARM64	鲲鹏（920s、916、920）
海思	ARM64	麒麟（990）
飞腾	ARM64	飞腾（FT2000/4、FT2000/64）
海光	AMD64	海光（31××、51××、71×）
兆芯	AMD64	兆芯（ZX-C、ZX-E 系列，KX、KH 系列）
其他	AMD64	主流型号 CPU

（4）统一的开发接口。统信 UOS 桌面专业版和服务器版产品提供统一的运行和开发环境，包括运行库、开发库、头文件。应用开发厂商仅需在某一个 CPU 平台完成一次开发，便可在其他多个 CPU 平台完成构建。

（5）统一的标准规范。统信 UOS 符合规范的测试认证，为适配厂商提供高效的支持，并提供软硬件产品的互认证。

（6）统一的文档版本。统信 UOS 桌面专业版和服务器版产品提供一致的开发文档、维护文档、使用文档，以降低运行及维护（运维）门槛。统信 UOS 的开发、使用、维护采用的统一文档版本如表 1-2 所示。

表 1-2 统信 UOS 的开发、使用、维护采用的统一文档版本

版本类型	版本名称
核心版本	Kernel 4.19
	DDE 5.0
	Xorg 1.20.4.1
	Glibc 2.28
	GCC 8.3.0
开发库版本	JDK 11
	Qt 5.11.3
	Gtk 3.24.5

1.2.3 统信软件的起源、现状及展望

统信软件是以“打造中国操作系统创新生态”为使命的基础软件公司（如图 1-6 所示），由国内领先的操作系统厂家于 2019 年联合成立。公司专注于操作系统等基础软件的研发与服务，致力于为不同行业的用户提供安全稳定、智能易用的操作系统产品与解决方案。

统信软件总部设立在北京，同时在武汉、上海、广州、南京等地设立了地方技术支持机构、研发中心和通用软硬件适配中心。作为国内领先的操作系统研发团队，统信软件拥有操作系统研发、行业定制、国际化、迁移和适配、交互设计、咨询服务等多方面专业人才，能够满足不同用户和应用场景对操作系统产品的广泛需求。

基于国产芯片架构的操作系统产品，统信软件已经和龙芯、飞腾、申威、鲲鹏、兆芯、海光等芯片厂商开展了广泛和深入的合作，与国内各主流整机厂商，以及数百家国内外软件厂商开展了全方位的兼容性适配工作。统信软件正努力发展和建设以我国软硬件产品为核心的创新生态，同时不断加强产品与技术研发创新。

图 1-6　统信软件

第 02 章

统信 UOS 的安装

第1章对统信UOS进行了简要介绍，在介绍统信UOS运维知识之前，本章将介绍统信 UOS 的安装、配置、初始化，帮助用户更好地使用统信 UOS。

2.1 系统安装前准备

在安装统信 UOS 操作系统之前，我们要检查系统硬件是否符合配置的基本要求，并用 U 盘下载统信 UOS 安装文件。

2.1.1 配置要求

统信 UOS 支持 5 种 CPU 架构（AMD64、ARM64、MIPS64、SW64、LoongArch）和 7 个国产 CPU 平台（鲲鹏、龙芯、申威、海光、兆芯、飞腾、海思麒麟），用户可以在这些 CPU 平台上体验与使用统信 UOS。硬件配置方面，统信 UOS 能支持目前市面上大多数主机，系统对于主机其他硬件的配置要求如下。

- CPU 主频：2GHz 及更高的处理器。
- 内存：至少 2GB 内存（RAM），4GB 以上是达到更好性能的推荐值。
- 硬盘：至少 25GB 的空闲空间。

2.1.2 下载统信 UOS

安装统信 UOS 前需要先获得系统镜像文件，此文件需要前往统信 UOS 官方生态社区网站下载，具体操作过程如下。

（1）在浏览器中输入 www.chinauos.com 并按 Enter 键，进入统信 UOS 官方生态社区网站。

（2）下载镜像文件，具体包括以下 4 个步骤。

- 在主页单击“资源中心”。
- 单击“镜像下载”，如图 2-1 所示。
- 不同的用户可以选择不同的下载版本，一般用户可选择“统信 UOS 桌面专业版 x86_64”，如图 2-2 所示。
- 将系统镜像文件保存到本地硬盘。

> **注意** 下载前需要登录账号，如无账号，需要进行注册。

图 2-1　镜像下载

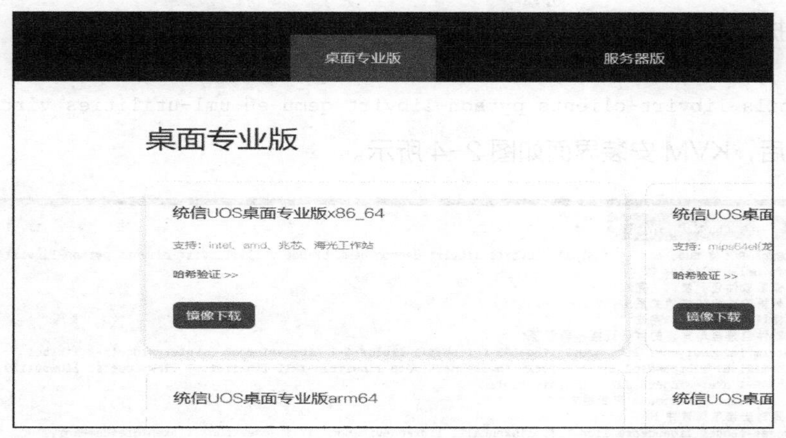

图 2-2　不同版本的镜像文件

2.2 虚拟机管理

KVM（Kernel-based Virtual Machine）是 Linux 下 x86 硬件平台上的全功能虚拟化解决方案，统信 UOS 默认支持该虚拟化工具，只需要简单的命令就可以安装和使用 KVM。KVM 会充分利用系统资源，虚拟出多个统信 UOS，方便办公使用和测试。

2.2.1 安装 KVM

在桌面右击 KVM 并在快捷菜单中选择“在终端中打开”，进入统信 UOS 的命令行模式，此后不需要再使用鼠标，使用命令就能完成大部分操作。

Advanced Packaging Tool（apt）是 Linux 下的一款安装包管理工具，是一个客户端 - 服务器系统。在安装 KVM 之前，需更新 apt 源，使用如下的 sudo 命令获取 root 权限。

```
sudo apt update
```

运行 sudo 命令，更新 apt 源的界面如图 2-3 所示。

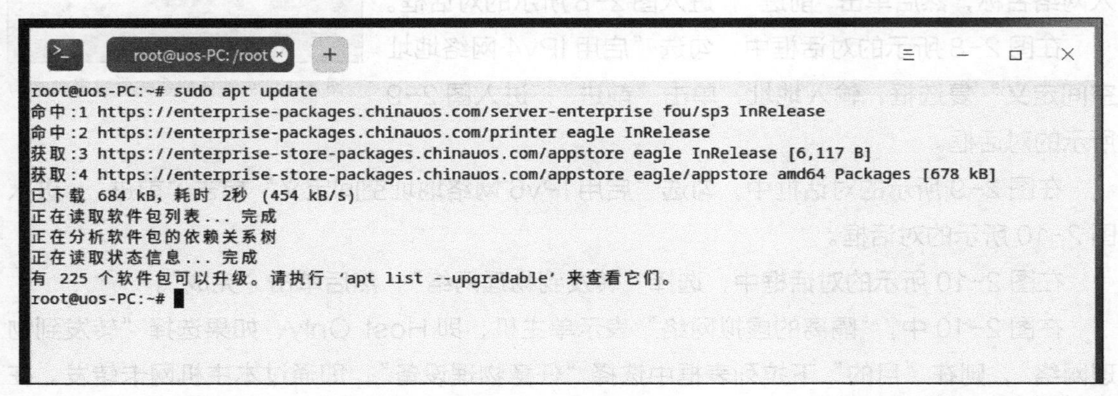
```
root@uos-PC:~# sudo apt update
命中:1 https://enterprise-packages.chinauos.com/server-enterprise fou/sp3 InRelease
命中:2 https://enterprise-packages.chinauos.com/printer eagle InRelease
获取:3 https://enterprise-store-packages.chinauos.com/appstore eagle InRelease [6,117 B]
获取:4 https://enterprise-store-packages.chinauos.com/appstore eagle/appstore amd64 Packages [678 kB]
已下载 684 kB，耗时 2秒 (454 kB/s)
正在读取软件包列表... 完成
正在分析软件包的依赖关系树
正在读取状态信息... 完成
有 225 个软件包可以升级。请执行 ‘apt list --upgradable’ 来查看它们。
root@uos-PC:~#
```

图 2-3　更新 apt 源

然后执行如下的命令安装 KVM。

```
sudo apt -y install libvirt0 libvirt-daemon qemu virt-manager
bridge-utils libvirt-clients python-libvirt qemu-efi uml-utilities virtinst
```

运行后，KVM 安装界面如图 2-4 所示。

```
root@uos-PC:~# sudo apt -y install libvirt0 libvirt-daemon qemu bridge-utils libvirt-clients python-libvirt qe
mu-efi uml-utilities
正在读取软件包列表... 完成
正在分析软件包的依赖关系树
正在读取状态信息... 完成
下列软件包是自动安装的并且现在不需要了:
  fbterm imageworsener libc-ares2 libde265-0 libheif1 liblqr-1-0 libmaxminddb0 libqtermwidget5-0 libsbc1
  libsmi2ldbl libspandsp2 libutf8proc2 libwireshark-data libwireshark11 libwiretap8 libwscodecs2 libwsutil9
  libx86-1 qtermwidget5-data squashfs-tools
使用'sudo apt autoremove'来卸载它(它们)。
将会同时安装下列软件:
  augeas-lenses libaugeas0 libnetcf1 libxencall1 libxendevicemodel1 libxenevtchn1 libxenforeignmemory1
  libxengnttab1 libxenmisc4.11 libxenstore3.0 libxentoolcore1 libxentoollog1 libxml2-utils libyajl2
  qemu-efi-aarch64
建议安装:
  augeas-doc augeas-tools libvirt-daemon-driver-storage-gluster libvirt-daemon-driver-storage-rbd
  libvirt-daemon-driver-storage-zfs libvirt-daemon-system numad user-mode-linux
下列【新】软件包将被安装:
  augeas-lenses bridge-utils libaugeas0 libnetcf1 libvirt-clients libvirt-daemon libvirt0 libxencall1
  libxendevicemodel1 libxenevtchn1 libxenforeignmemory1 libxengnttab1 libxenmisc4.11 libxenstore3.0
  libxentoolcore1 libxentoollog1 libxml2-utils libyajl2 python-libvirt qemu qemu-efi qemu-efi-aarch64
  uml-utilities
升级了 0 个软件包，新安装了 23 个软件包，要卸载 0 个软件包，有 225 个软件包未被升级。
需要下载 11.5 MB 的归档。
解压缩后会消耗 163 MB 的额外空间。
获取:1 https://enterprise-packages.chinauos.com/server-enterprise fou/sp3/main amd64 augeas-lenses all 1.11.0-
3 [442 kB]
```

图 2-4　安装 KVM

安装完成后，在启动器中，右击“虚拟系统管理器”，选择“发送到桌面”，如图 2-5 所示。

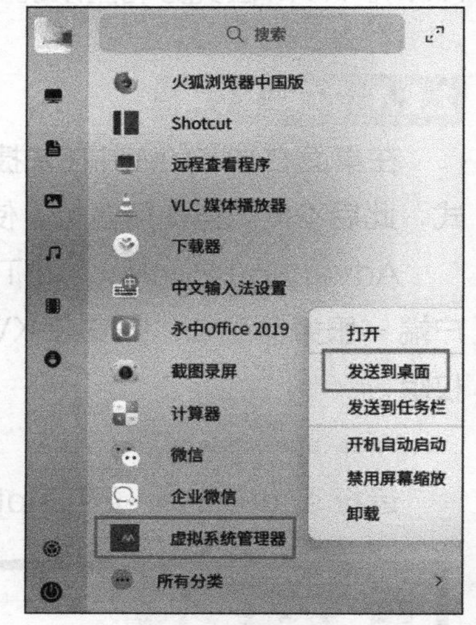

图 2-5　发送虚拟系统管理器到桌面

2.2.2 新建虚拟网络

虚拟机需要连接虚拟网络才能与计算机共享网络，因此需要新建虚拟网络。打开 KVM 管理工具后，在“编辑”菜单中选择“连接详情”，打开图 2-6 所示的窗口。

图 2-6 中的 default 是 KVM 安装时默认创建的虚拟网络。单击图 2-6 中的“+”进入图 2-7 所示的对话框，输入网络名称，然后单击“前进”，进入图 2-8 所示的对话框。

在图 2-8 所示的对话框中，勾选“启用 IPv4 网络地址空间定义”复选框，输入地址，单击“前进”，进入图 2-9 所示的对话框。

在图 2-9 所示的对话框中，勾选“启用 IPv6 网络地址空间定义”单击“前进”，进入图 2-10 所示的对话框。

在图 2-10 所示的对话框中，选择“转发到物理网络”，然后单击“完成”。

在图 2-10 中，“隔离的虚拟网络”表示单主机，即 Host Only。如果选择“转发到物理网络”，则在“目的”下拉列表框中选择“任意物理设备”，即通过本主机网卡转发。在“模式”下拉列表框中可选择 NAT（Network Address Translation）、路由、Open 和

SR-IOV（Single Root I/O Virtualization）。SR-IOV 技术是一种基于硬件的虚拟化解决方案，可提高性能和可伸缩性。配置完成之后回到网络接口界面，启动该虚拟网络。

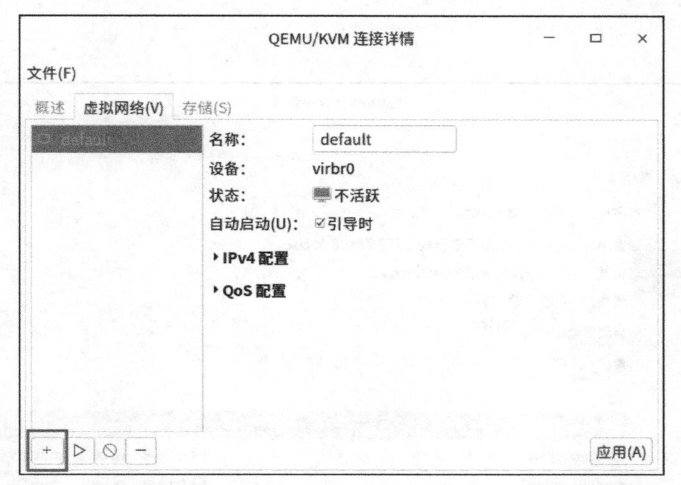

图 2-6　连接详情窗口

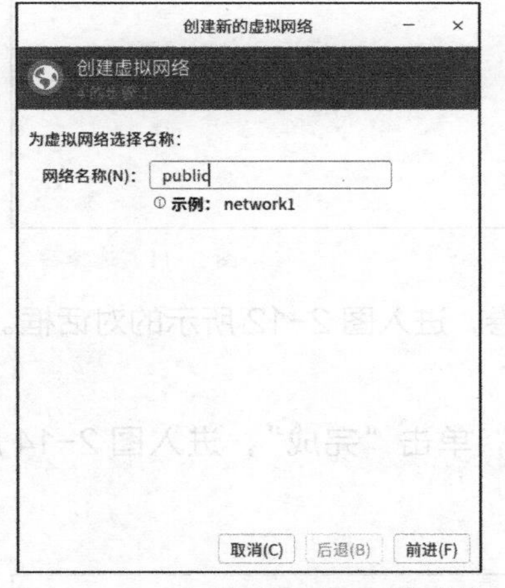

图 2-7　输入网络名称

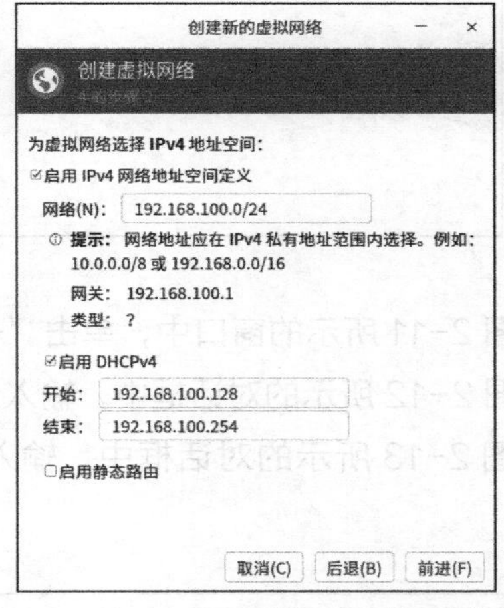

图 2-8　输入地址

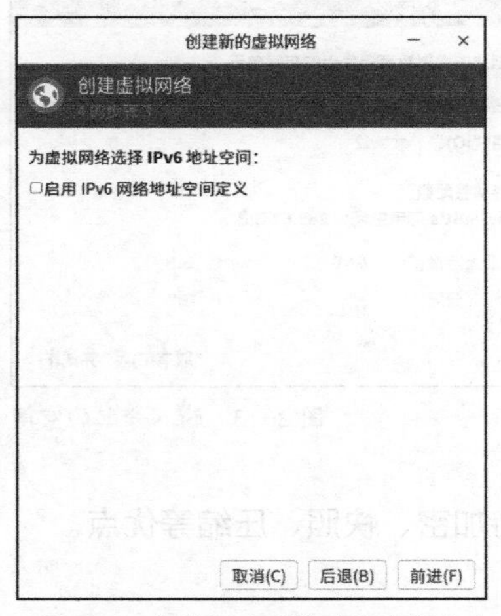

图 2-9　启用 IPv6 网络地址空间定义

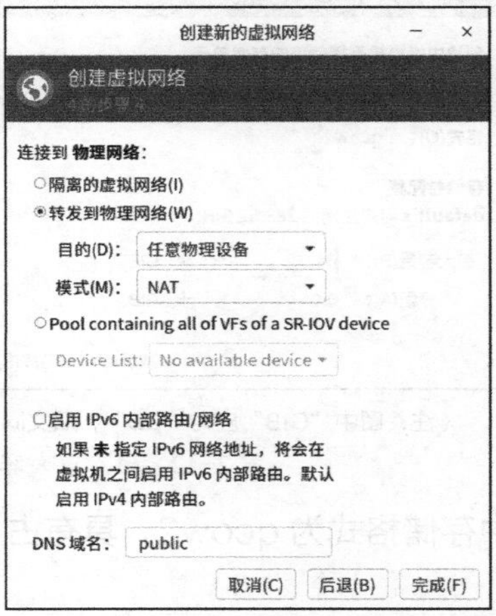

图 2-10　选择“转发到物理网络”

2.2.3 新建存储

打开 KVM 管理工具后，在“编辑”菜单中选择“连接详情”，单击“存储”，如图 2-11 所示。

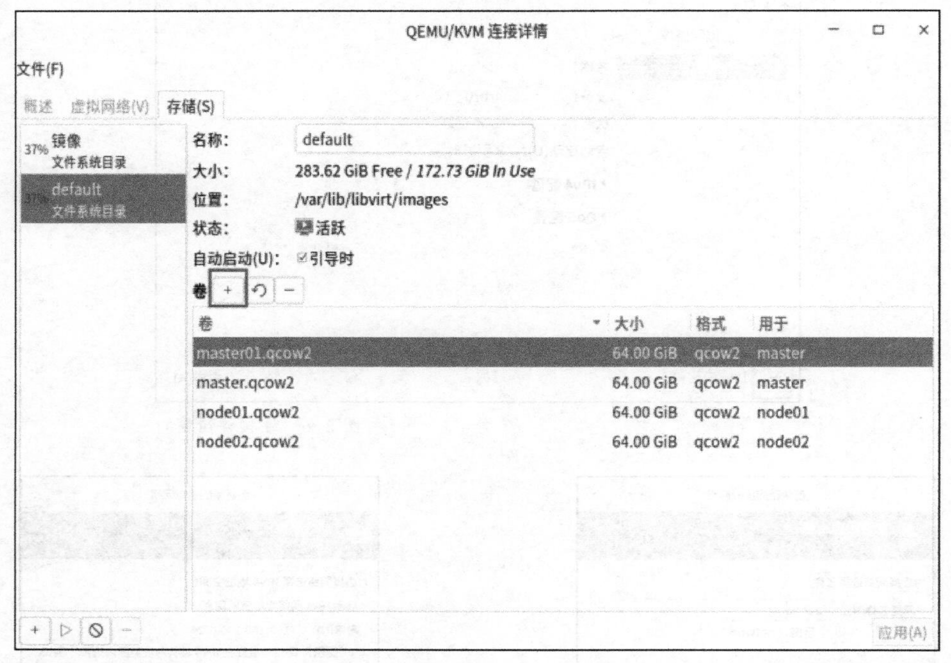

图 2-11　选择存储

在图 2-11 所示的窗口中，单击“+”新建存储卷，进入图 2-12 所示的对话框。

在图 2-12 所示的对话框中，输入最大容量。

在图 2-13 所示的对话框中，输入分配的空间，单击“完成”，进入图 2-14 所示的窗口。

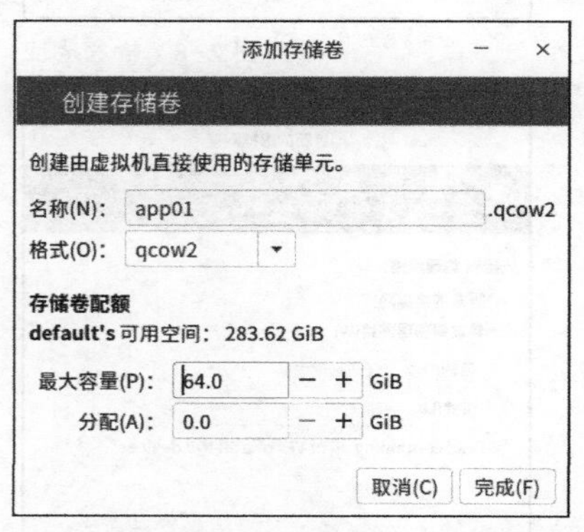

（注：图中“GiB”应为“GB”，后文同。）

图 2-12　输入最大容量

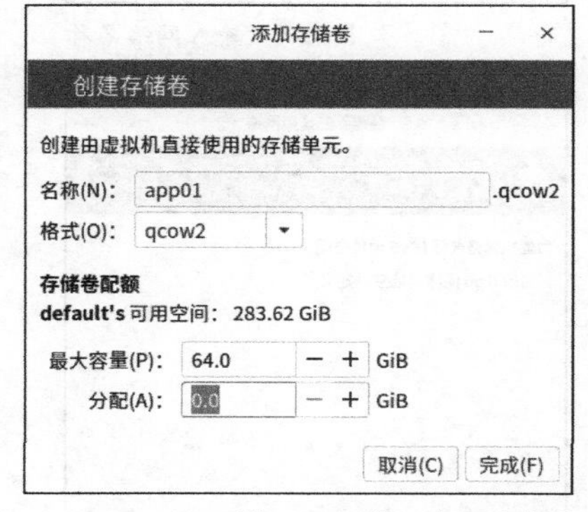

图 2-13　输入分配的空间

其中存储格式为 qcow2，具有占用空间小和支持加密、快照、压缩等优点。

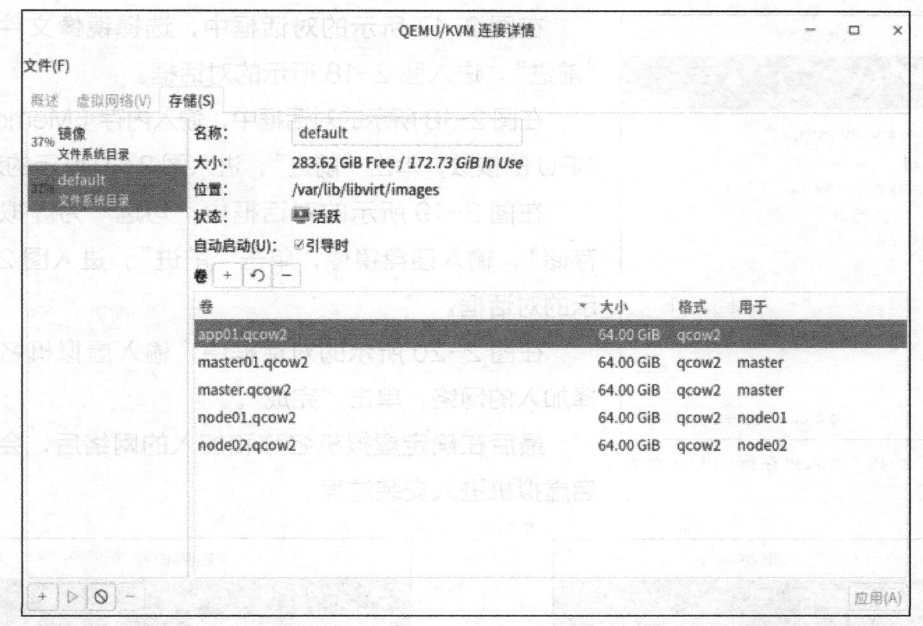

图 2-14　存储格式

2.2.4 新建虚拟机

打开 KVM 管理工具后，如图 2-15 所示，单击工具栏中的新建虚拟机图标。

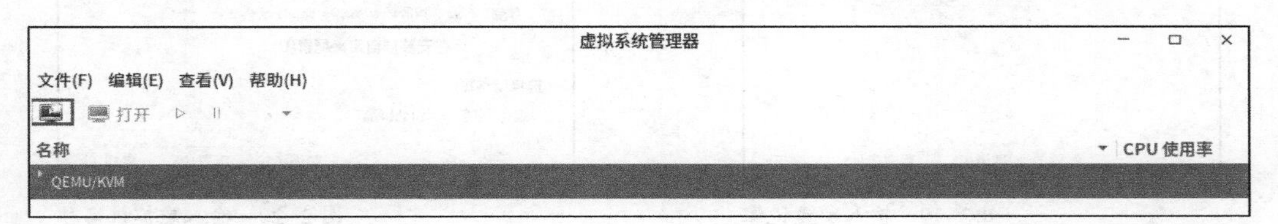

图 2-15　新建虚拟机

进入图 2-16 所示的对话框后，选择“本地安装介质 (ISO 映像或者光驱)”，单击“前进”，进入图 2-17 所示的对话框。

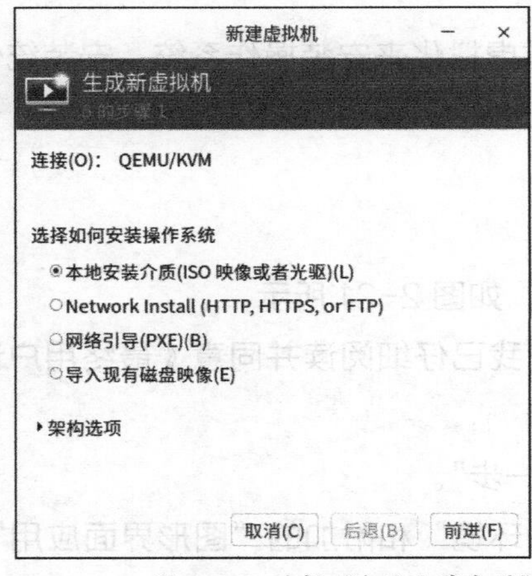

图 2-16　选择“本地安装介质”

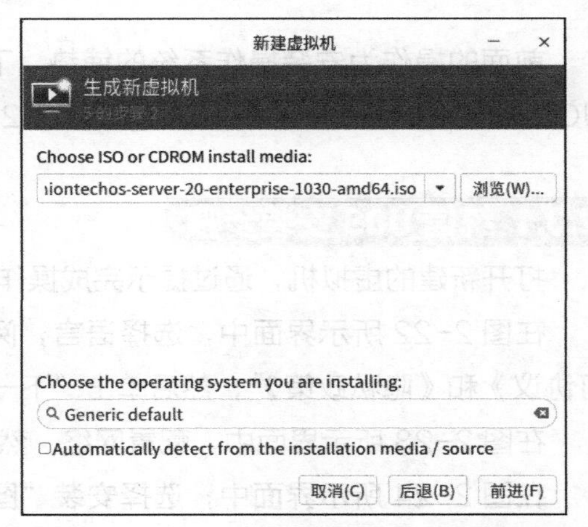

图 2-17　选择镜像文件

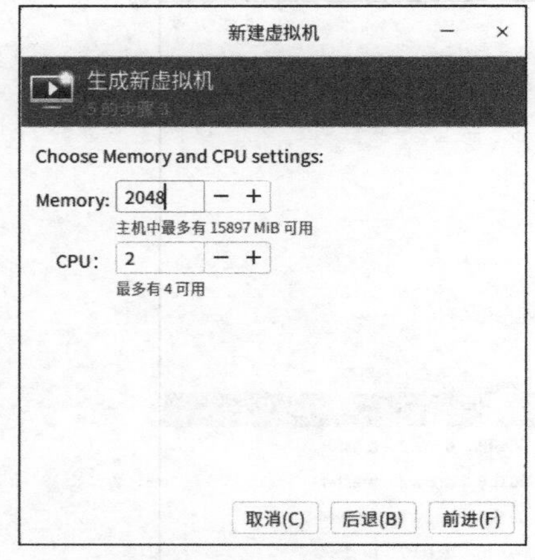

图 2-18　输入内存和 CPU 的核数

在图 2-17 所示的对话框中，选择镜像文件，单击“前进”，进入图 2-18 所示的对话框。

在图 2-18 所示的对话框中，输入内存（Memovy）和 CPU 的核数，单击“前进”，进入图 2-19 所示的对话框。

在图 2-19 所示的对话框中，勾选“为虚拟机启用存储”，输入硬盘镜像，单击“前进”，进入图 2-20 所示的对话框。

在图 2-20 所示的对话框中，输入虚拟机名称并选择加入的网络，单击“完成”。

最后在确定虚拟机名称和加入的网络后，会直接开启虚拟机进入安装过程。

图 2-19　输入硬盘镜像

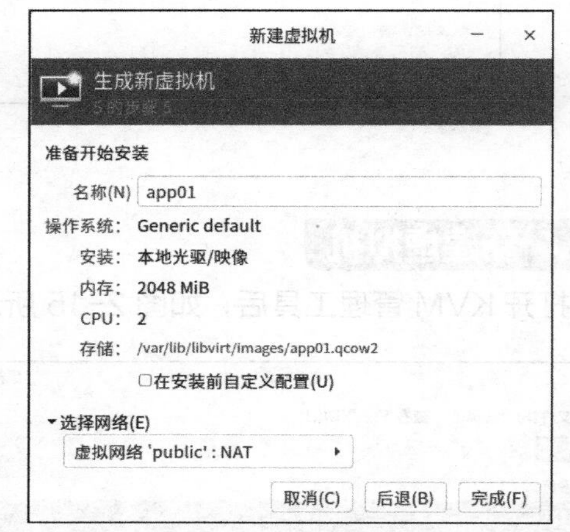

图 2-20　输入虚拟机名称

2.3 统信 UOS 的安装及初始化

前面的操作为安装操作系统的铺垫，下面介绍通过虚拟化来安装操作系统。安装统信 UOS 需要 2 核 CPU、2GB 内存、最少 25GB 存储空间的资源，网络选择 NAT。

2.3.1 统信 UOS 安装步骤

打开新建的虚拟机，通过提示完成操作系统的安装，如图 2-21 所示。

在图 2-22 所示界面中，选择语言，阅读并勾选“我已仔细阅读并同意《最终用户许可协议》和《隐私政策》”，然后单击“下一步”。

在图 2-23 所示界面中，配置网络，然后单击“下一步”。

在图 2-24 所示界面中，选择安装“图形化服务器环境”和附加的“图形界面应用”。然后单击“下一步”。

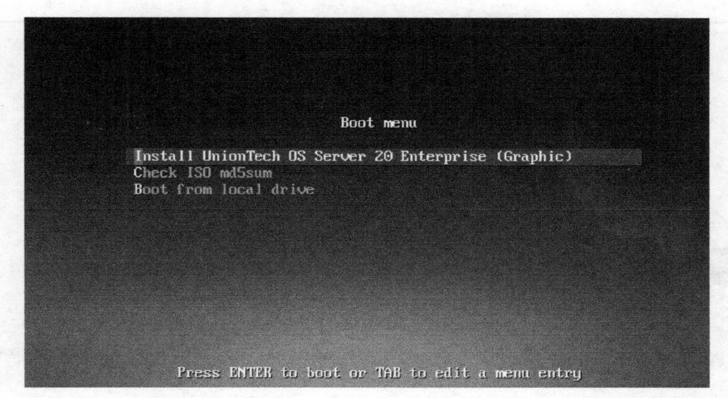

图 2-21　开始安装

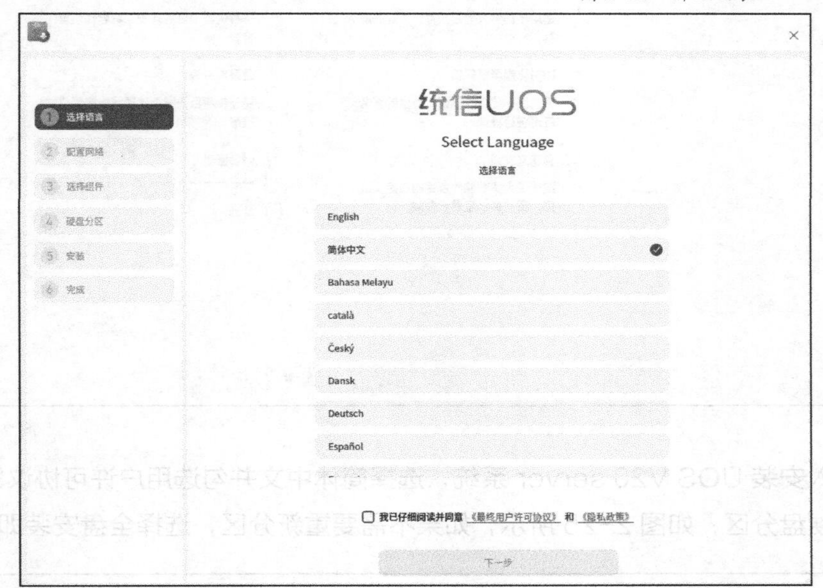

图 2-22　选择语言

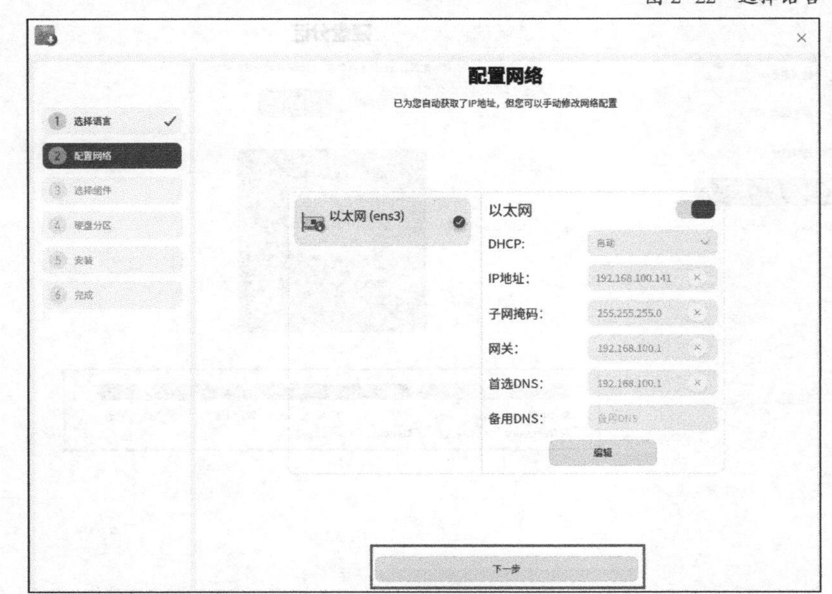

图 2-23　选择网络

图 2-24　选择组件

此时进入安装 UOS V20 server 系统，选择简体中文并勾选用户许可协议即可。然后对硬盘分区，如图 2-25 所示，如果不需要重新分区，选择全盘安装即可。

图 2-25　硬盘分区

如选择“全盘安装”，在图 2-26 所示界面中单击“继续安装”即可。

图 2-26 继续安装

如选择“手动安装”会分很多区，存储空间会被拆分，可以仅创建需要的分区。先建立 /boot 分区，如图 2-27 所示。

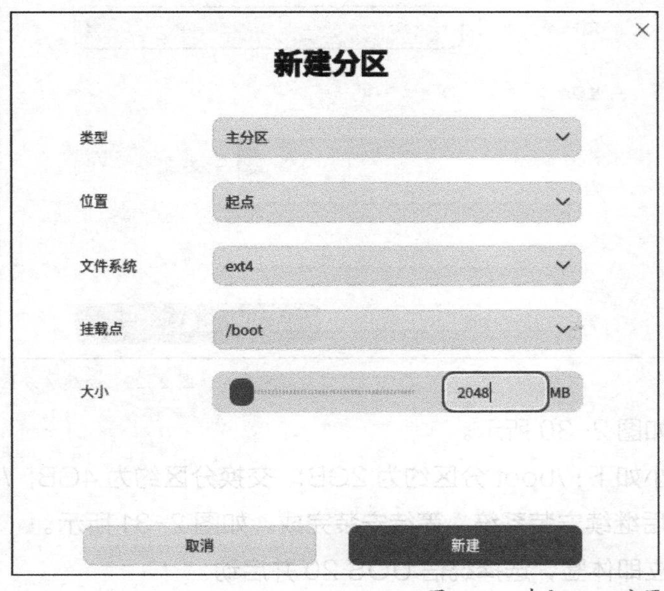

图 2-27 建立 /boot 分区

然后建立交换分区，如图 2-28 所示。

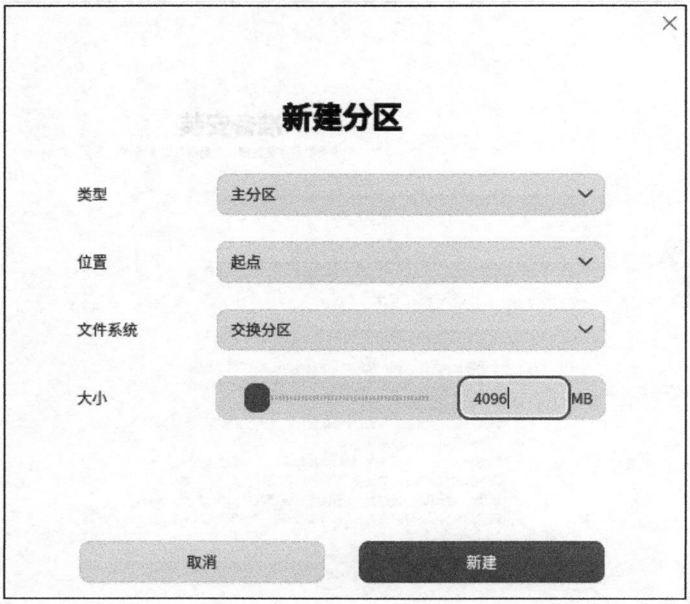

新建分区

类型 主分区

位置 起点

文件系统 交换分区

大小 4096 MB

取消 新建

图 2-28 建立交换分区

然后新建 / 分区，如图 2-29 所示。

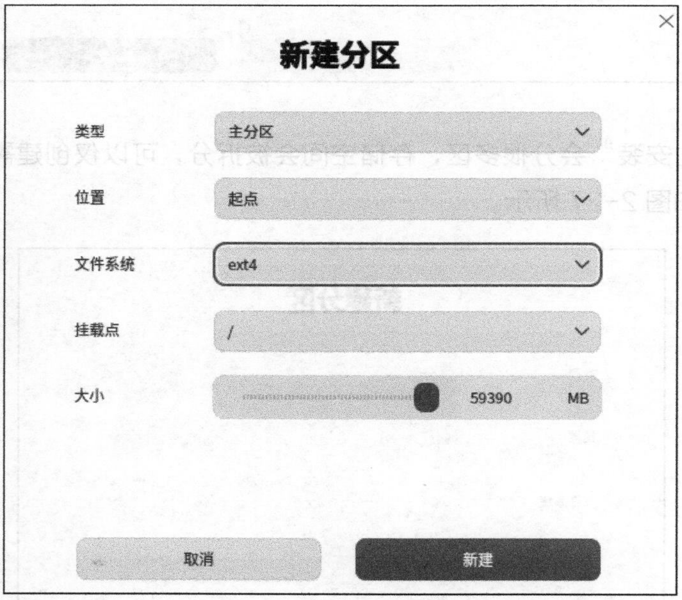

新建分区

类型 主分区

位置 起点

文件系统 ext4

挂载点 /

大小 59390 MB

取消 新建

图 2-29 新建 / 分区

此时分区列表如图 2-30 所示。

其中各分区大小如下：/boot 分区约为 2GB； 交换分区约为 4GB；/ 分区约为 58GB。硬盘分区创建完成后继续安装系统，等待安装完成，如图 2-31 所示。

安装完成后，立即体验，选择统信 UOS 20 并启动。

图 2-30 分区列表

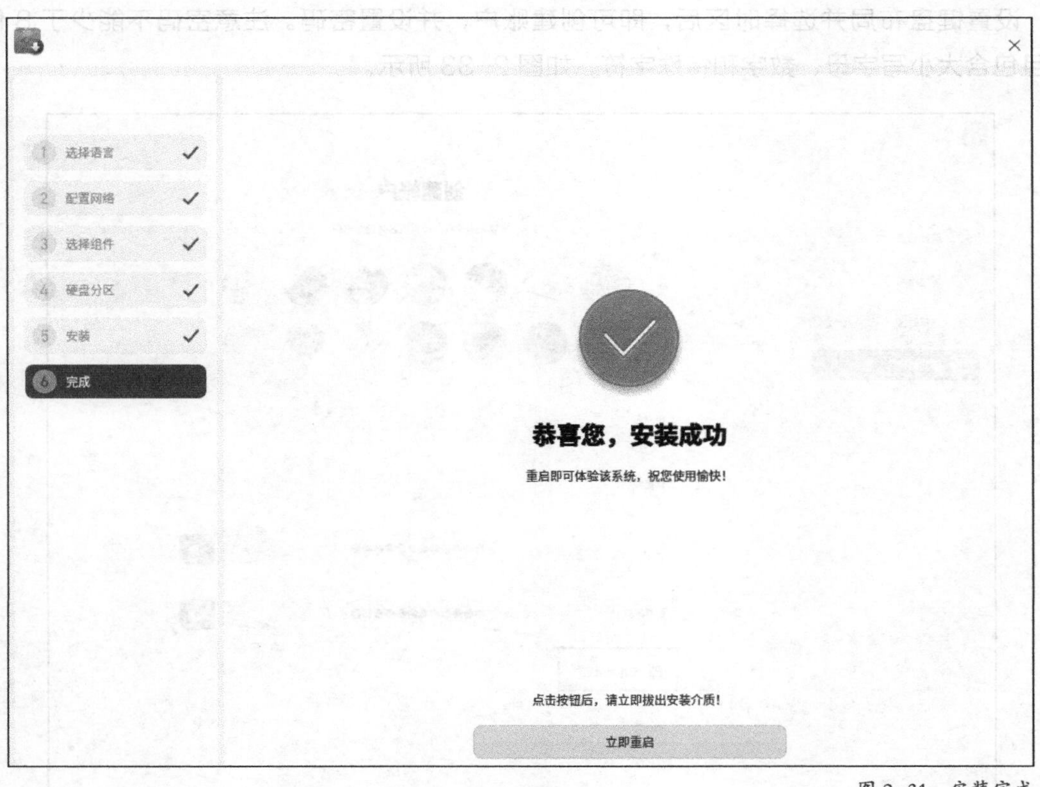

图 2-31 安装完成

2.3.2 系统初始化

安装完成后，首次运行时，需进行系统初始化，首先选择语言，如图 2-32 所示。

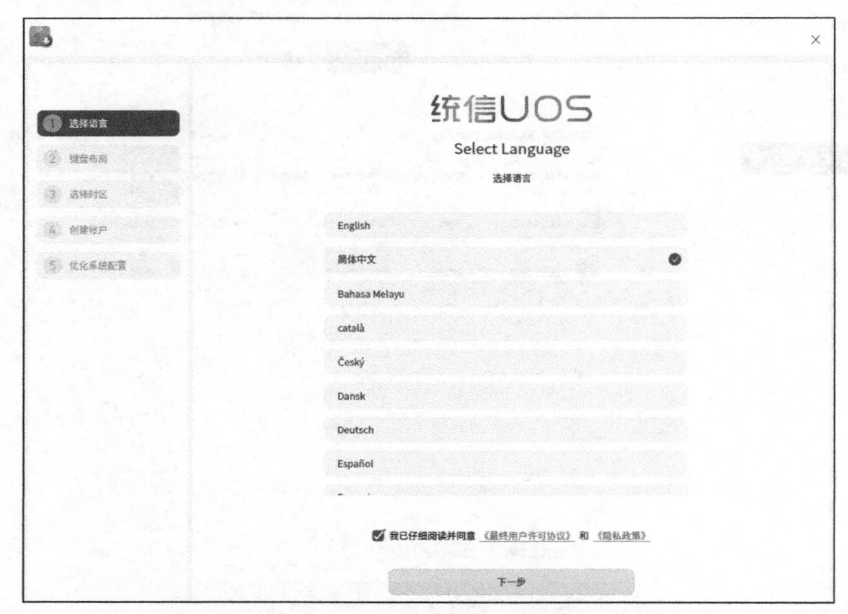

（注：图中的“帐户”应为“账户”，后文同。）

图 2-32　选择语言

设置键盘布局并选择时区后，即可创建账户，并设置密码。注意密码不能少于 8 位，并且包含大小写字母、数字和特殊字符，如图 2-33 所示。

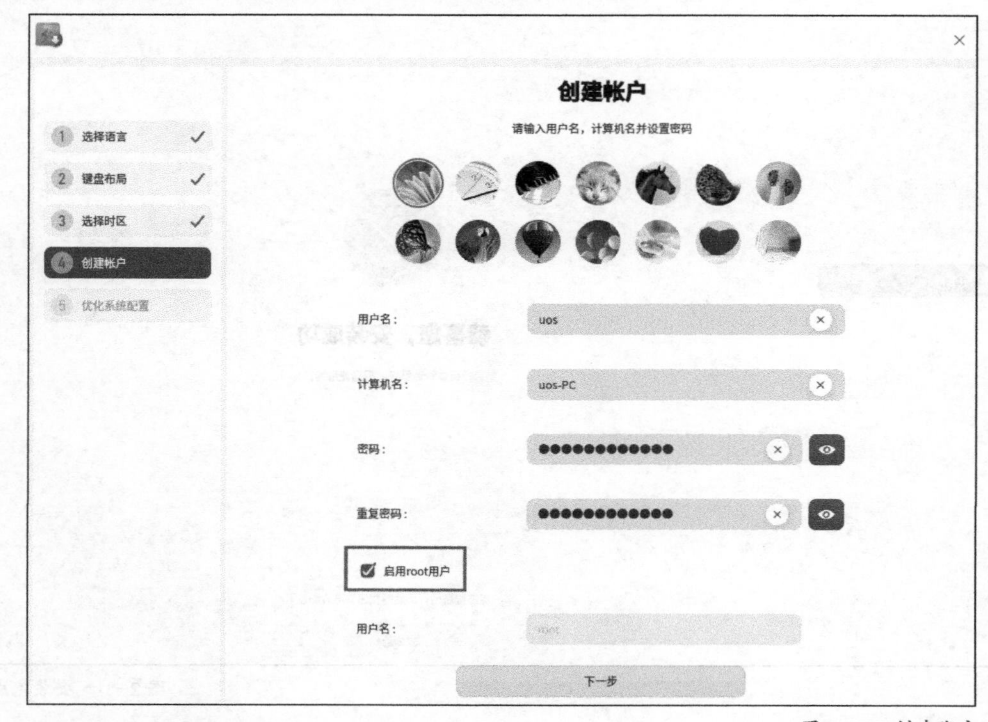

图 2-33　创建账户

设置密码后初始化系统，进行优化系统配置，如图 2-34 所示。

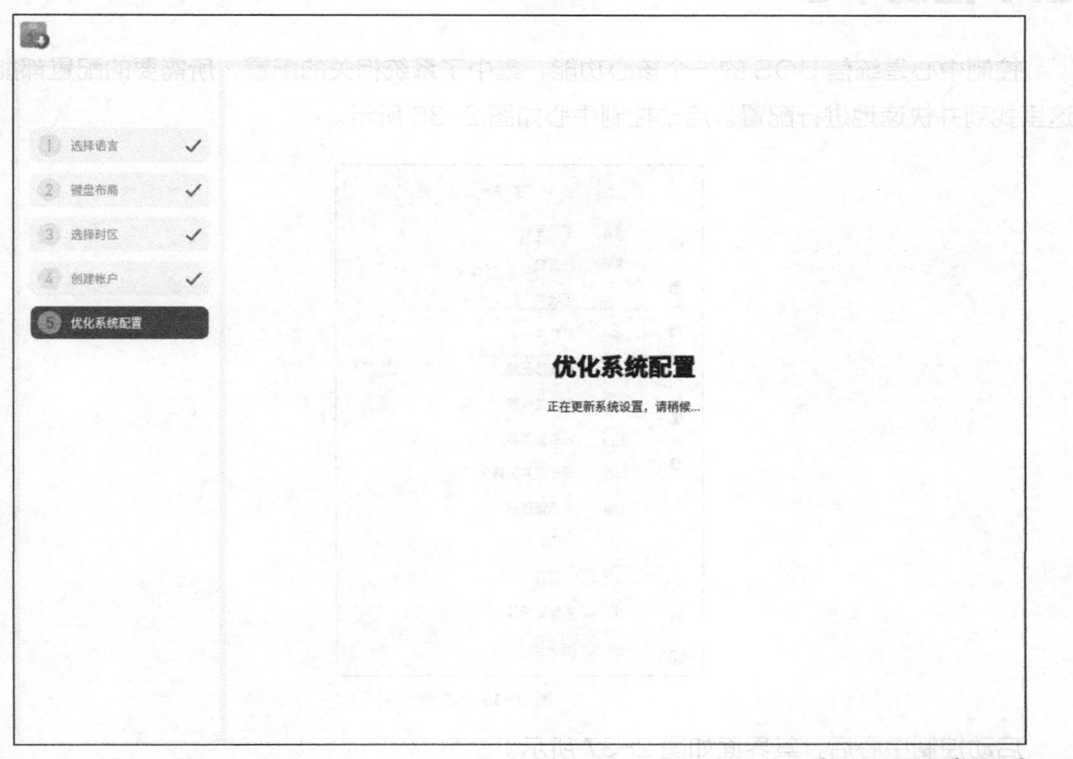

图 2-34　优化系统配置

最后进行登录，如图 2-35 所示。至此，初始化完成，可以体验新系统了。

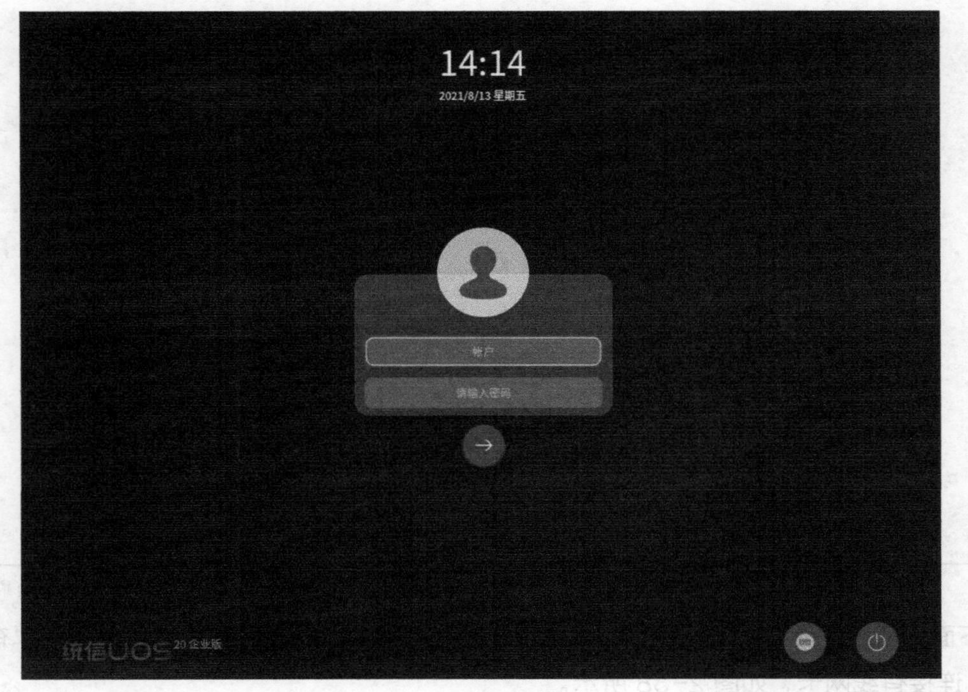

图 2-35　进行登录

2.4 控制中心

控制中心是统信 UOS 的一个核心功能，集中了系统相关的配置，所需要的配置都能在这里找到并快速地进行配置。启动控制中心如图 2-36 所示。

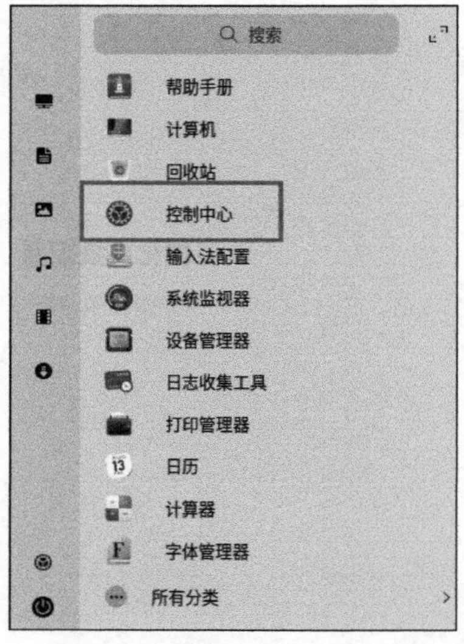

图 2-36　启动控制中心

启动控制中心后，其界面如图 2-37 所示。

图 2-37　控制中心界面

下面对网络配置进行介绍，在控制中心，单击“网络”，进入相关界面，单击“有线网络”，连接有线网卡，如图 2-38 所示。

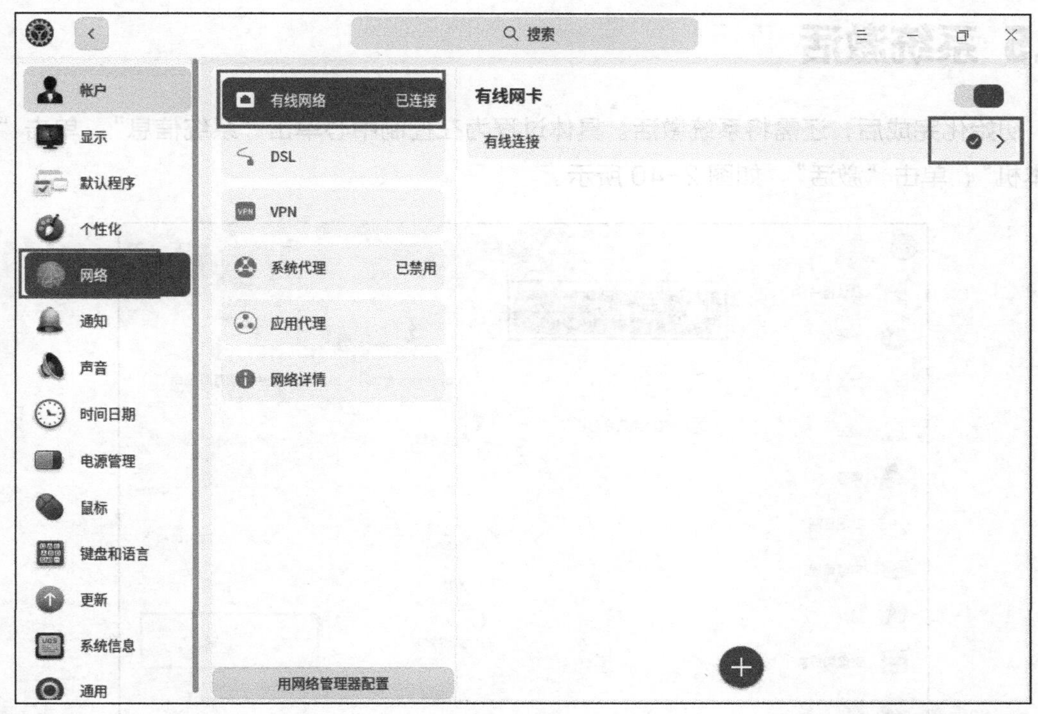

图 2-38　有线连接

单击图 2-38 所示的箭头，在图 2-39 所示的界面中进行网络配置，输入 IP 地址及其他配置项，然后单击“保存”按钮。

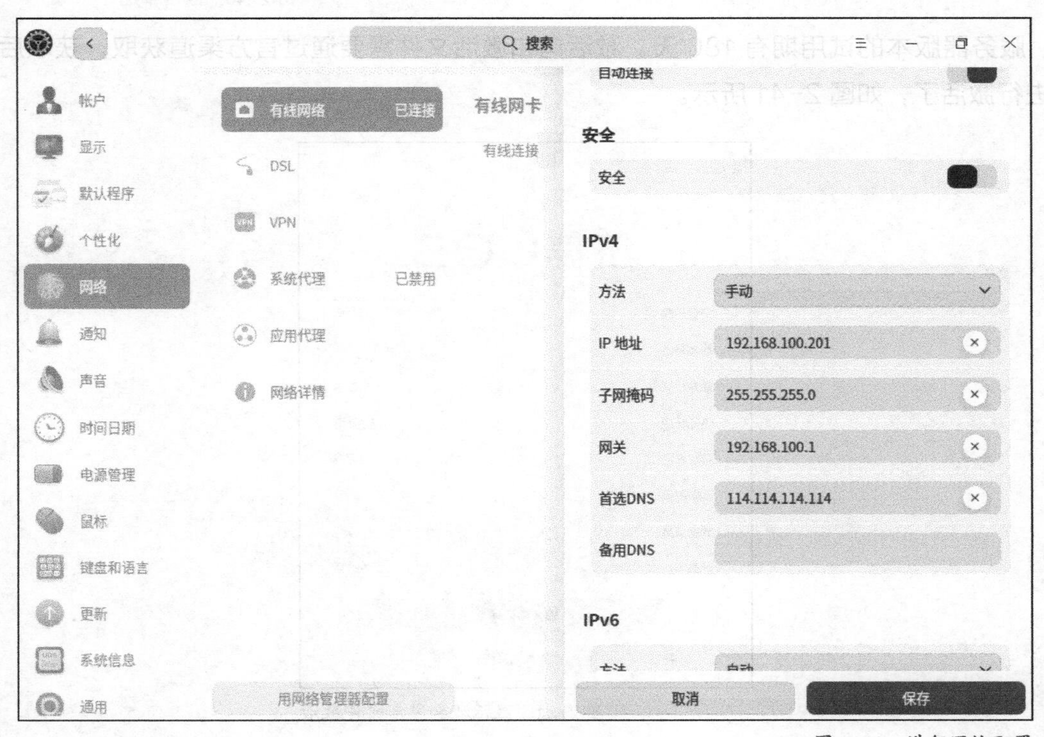

图 2-39　进行网络配置

2.5 系统激活

初始化完成后，还需将系统激活。具体过程为在控制中心单击“系统信息”，单击“关于本机”，单击“激活”，如图 2-40 所示。

图 2-40　激活系统

服务器版本的试用期有 180 天。激活码和激活文件需要通过官方渠道获取，获取后即可进行激活了，如图 2-41 所示。

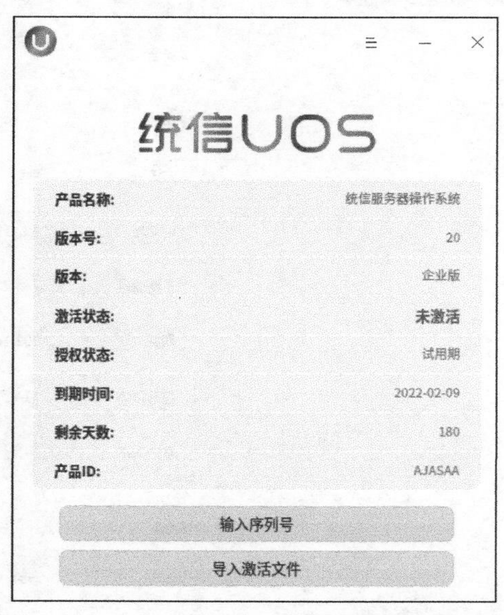

图 2-41　激活码和激活文件激活

至此，统信 UOS 安装介绍完毕。

第 03 章 Linux 的基础操作

Linux 命令涉及文件编辑与内容处理，文件的查找、压缩，硬盘管理，网络，进程与性能调优，系统管理等。对于 Linux 系统管理员来说，如果需要进行网络维护和系统调优，就必须对这些命令及其显示结果有深入的理解。

在一些操作系统中，命令行界面只是图形界面的一个补充，但对于 Linux 而言，却并非如此。作为 Linux 灵感来源的 UNIX 系统最初根本就没有图形界面，所有的任务都是通过命令行界面来完成的，因此，命令行系统得到了很大的发展，并且成为一个功能强大的系统。同样地，统信 UOS 沿袭了这一特点，许多强大的功能都可以从 Shell 中轻松实现。所以在本章中，我们将通过一些具体的例子来向读者展示统信 UOS 基础操作的一些命令与快捷键，这些内容可为读者了解与上手统信 UOS 提供较大的帮助。

3.1 Shell

Shell 是 Linux 系统的用户界面。作为用户与 Linux 内核间接口的一个程序，它允许用户向操作系统输入需要执行的命令，并把命令送入内核去执行。这点与 Windows 系统的命令提示符类似，但 Linux 的 Shell 功能更加强大。Shell 有自己的编程语言，用于对命令进行编辑，并允许用户编写由 Shell 命令组成的程序，以更快速、简单地完成编程。

3.1.1 Shell 简介

Shell 是操作系统的最外层，它可以结合编程语言来控制进程和文件。如图 3-1 所示，Shell 的作用是用户与内核之间的桥梁。Shell 为用户提供了一个操作界面，用户在这个界面输入命令，其实就是通过 Shell 向 Linux 内核传递。命令 Shell 在系统中充当了“命令解释”的角色，通过 Shell，计算机可以理解用户的命令，因此 Shell 也叫解释器。

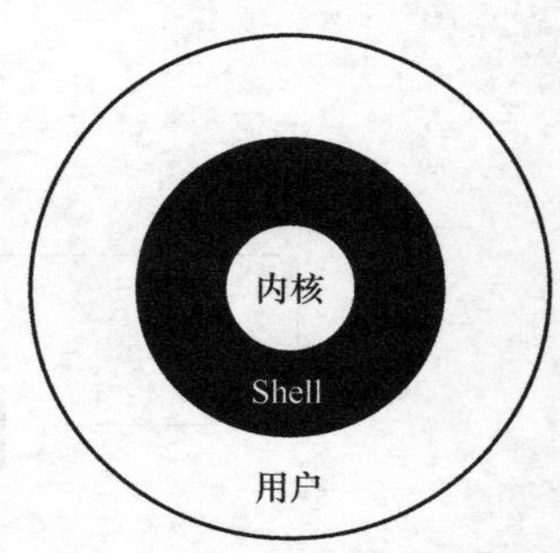

图 3-1 Shell 的作用

3.1.2 Linux 的 Shell 种类及命令

在 Linux 下，命令有几种类型，对于 Linux 新手来说，知道不同命令的意思才能够高效和准确地使用它们。因此，新手需要学习和理解各种 Linux Shell 命令。需要注意一件非常重要的事：命令行界面和 Shell 是不同的，命令行界面只是提供访问 Shell 的方式；而 Shell 是可编程的，这使其可以通过命令与内核进行交流。下面列出了 Linux 下 Shell 的不同种类。

1. Shell 的种类

不同的 Shell 具备不同的功能，Linux 中默认的 Shell 是 /bin/bash，其他的 Shell 有 bash、csh、ksh、tcsh、sh、nologin、zsh 等。不同的 Shell 有自己的特点以及用途，下面分别进行简要介绍。

（1）bash

bash 是大多数 Linux 系统默认使用的 Shell，bash 是 Bourne Shell 的一个免费版本，最早源于 UNIX shell。bash 还有一个特点，即可以通过 help 命令来查看帮助信息。bash 包含的功能几乎可以涵盖 Shell 所具有的功能，所以一般的 Shell 脚本都会指定它为执行路径。

（2）csh

csh 使用的是“类 C”语法，它是具有 C 语言风格的一种 Shell，其内部命令较多，共有 52 个。csh 目前被使用得并不多，已经被 /bin/tcsh 所取代。

（3）ksh

ksh 的语法与 Bourne Shell 的相同，同时具备 csh 易用的特点。许多安装脚本都使用 ksh。ksh 有 42 条内部命令，与 bash 相比有一定的限制性。

（4）tcsh

tcsh 是 csh 的增强版，与 csh 完全兼容。

（5）sh

sh 是一种快捷方式，已经被 /bin/bash 所取代。

（6）nologin

nologin 指用户不需要输入密码就能进入的 Shell。

（7）zsh

zsh 是目前 Linux 里最庞大的一种 Shell。它有 84 个内部命令，使用起来比较复杂。一般情况下，不会使用该 Shell。

使用下面的 cat 命令可查看系统中的 Shell。

```
root@qin:-# cat /etc/shells
# /etc/shells: valid login Shells
/bin/sh
/bin/bash
/usr/bin/bash
/bin/rbash
/usr/bin/rbash
/bin/dash
/usr/bin/dash
```

在 Linux 中安装多个 Shell 是完全可行的，用户可以挑选自己喜欢的 Shell 来使用。由于 Linux 是高度模块化的系统，用户可以从各种不同的 Shell 中选择一种来使用，统信 UOS 默认使用的是 /bin/bash。bin/sh 实际上是对程序 /bin/bash 的一个链接。在 Linux 系统中，/bin/sh 安装的标准 Shell 是 GNU 工具集中的 bash。因为 bash 作为一个优秀的 Shell，是开源的，并且可以被移植到几乎所有的类 UNIX 系统上，所以被大多数 Linux 发行版所使用，统信 UOS 也不例外。

2. Shell 的内部和外部命令

Shell 命令分为两种：内部命令和外部命令。

- 内部命令：内部命令被构建在 Shell 之中。当执行 Shell 命令时，内部命令的执行速度非常快。这是因为没有执行这条命令相关的进程被创建。比如，当执行 cd 命令时，没有进程被创建，在执行过程中只是简单地改变当前的目录。
- 外部命令：外部命令并没有被构建在 Shell 中。这些可执行的外部命令保存在一个独立的文件当中。当一个外部命令被执行时，一个新的进程即被创建，同时命令被执行。比如，可以用 type 命令判定 ls（通常被保存在 /bin 目录下）是内部命令还是外部命令。

```
[root@model /]# type ls
ls is /bin/ls
[root@model /]#type cd
cd is a shell builtin
```

3. 系统中的 Shell

在 /etc/shells 配置文件中记录了用户可以登录的 Shell 的具体路径，因此查看这个文件的内容即可知道当前系统支持的所有 Shell。

查看系统支持的 Shell，可使用命令 cat etc/shells，具体如下。

```
[root@model /]# cat etc/shells
# /etc/shells: valid login shells
/bin/sh
/bin/dash
/bin/bash
/bin/rash
```

如果需要查看系统默认的 Shell，可以使用命令 echo $SHELL。

如果要查看当前系统运行的 Shell，可以通过 $0 这个变量来获取当前运行的 Shell，具体如下。

```
[root@model /]# echo $0
/bin/bash
```

3.1.3 几个常见概念

Shell、Shell 命令、Shell 脚本、Shell 编程这 4 个概念容易混淆，其具体区别如下。

- Shell：一个整体的概念，见 3.1 节。
- Shell 命令：Shell 编程底层具体的语句和实现方法。
- Shell 脚本（Shell Script）：一种为 Shell 编写的脚本程序。业界所说的 Shell 通常都是指 Shell 脚本。
- Shell 编程：Shell 命令和 Shell 脚本可以统称为 Shell 编程。Shell 结合编程语言以控制进程和文件，以及启动和控制其他程序。Shell 通过提示输入，向操作系统解释该输入，然后处理来自操作系统的任何输出来管理用户与操作系统之间的交互。

3.2 Linux 控制台

控制台是一个接收所有内核消息和警告，同时用于单用户模式登录的设备。使用 Linux 时，用户并不是直接与系统打交道，而是通过 Shell 的中间程序来完成的。在图形界面下为了实现在一个窗口中完成用户输入和输出显示，Linux 系统还提供了一个叫作终端（Terminal）模拟器的程序。比较常见的终端模拟器有 gnome-terminal、Konsole、xterm、rxvt、kvt、nxterm 和 eterm 。

1. 控制台切换

显示系统消息的终端叫控制台，Linux 默认所有虚拟终端都是控制台，都能显示系统消息。控制台切换相关的命令或快捷键及其效果如表 3-1 所示。

表 3-1 控制台切换相关的命令或快捷键及其效果

命令或快捷键	效果
Terminal	键盘输入，显示器输出
physical console	键盘和显示器
virtual console	物理控制台支持多个虚拟控制台
/dev/ttyn	控制台终端
/dev/pts/n	虚拟终端
Ctrl+Alt+（F2 ~ F6）	图形界面切换到相应终端
Alt+（F2 ~ F6）	切换到相应终端
Alt+F1	终端切换到图形界面
W	显示登录终端信息

2．控制台快捷键

控制台有一些快捷键可以在 Linux 命令行下快速移动光标、编辑命令、编辑后执行历史命令、控制命令等，让用户提高工作效率，如表 3-2 所示。

表 3-2 控制台快捷键及其效果

快捷键	效果
Ctrl+Insert	复制
Shift+Insert	粘贴
Ctrl+L	清空屏幕
Ctrl+C	退出某个正在执行的操作
Ctrl+D	退出 Shell，或者输入 Exit 命令也可以退出
Ctrl+A	将光标移到行首
Ctrl+E	将光标移到行尾
Ctrl+U	删除光标前的字符
Ctrl+K	删除光标后的字符
Ctrl+W	删除光标前以空格为界线的单词
Ctrl+ 左右箭头	以单词为单位移动光标
Ctrl+R	搜索历史命令
Tab	补全
Ctrl+Shift+T	打开多个控制台终端

在控制台下，部分操作需要管理员权限，这时候需要切换成 root 用户，可以使用 su 命令切换，具体如下。

```
qin@qin:-$ su - root
密码：
root@qin:~#
```

从结果可以看出已切换成 root 用户了。

3.3 Linux 的命令

如果仅仅依靠系统自带的 man 命令来学习 Linux 基础命令，初学者难以入手。而 Linux 系统管理员需要对基础命令及其显示结果有更深入的理解。

3.3.1 基础命令

Linux 系统命令与统信 UOS 的命令是通用的，用户可在控制台中通过 Linux 基础命令进行统信 UOS 的一些基础操作。下面将介绍常用的基础命令。

1. ls 命令

ls 命令用来显示目录，在 Linux 中是使用率较高的命令。

（1）语法

```
ls 选项 参数
```

（2）选项

ls 命令可使用的选项及其作用如表 3-3 所示。

表 3-3　ls 命令可使用的选项及其作用

选项	作用
-a	列出目录所有文件，包含以“.”开始的隐藏文件
-A	列出除以“.”及“..”开始的文件
-r	反序排列
-t	以文件修改时间排序
-S	以文件大小排序
-h	以易读程度显示
-l	除了文件名之外，还将文件的权限、所有者、文件大小等信息详细列出来

（3）参数

目录：指定要显示的目录，也可以是具体的文件。

（4）实例

显示 home 目录下包括隐藏文件在内的所有文件的列表。

```
[root@localhost ~]# ls -a
.anaconda-ks.cfg   .bash_logout   .bashrc
.bash_history    .bash_profile   .cshrc
```

2. mkdir 命令

mkdir 命令用于创建目录。

（1）语法

```
mkdir 选项 参数
```

（2）选项

mkdir 命令可使用的选项及其作用如表 3-4 所示。

表 3-4　mkdir 命令可使用的选项及其作用

选项	作用
-m　目标属性	建立目录的同时设置目录的权限
-p	若要建立目录的上层目录目前尚未建立，则会一并建立上层目录
--version	显示版本信息

（3）参数

目录：指定要创建的目录，多个目录之间用空格隔开。

（4）实例

在目录 /usr/meng 下建立子目录 test。

```
[root@localhost ~]# mkdir /usr/meng/test
```

在 /abc 目录中，建立一个名为 test 的子目录。若 abc 目录原本不存在，则建立一个。

```
[root@localhost ~]# mkdir -p abc/test
```

注意　本例若不加 -p 参数，且原本 abc 目录不存在，则会产生错误。

3. cd 命令

cd 命令用来切换工作目录至目标目录。“~”表示主目录，“.”表示目前所在的目录，“..”则表示目前目录位置的上一层目录。

（1）语法

```
cd 选项 参数
```

（2）选项

cd 命令可使用的选项及其作用如表 3-5 所示。

表 3-5　cd 命令可使用的选项及其作用

选项	作用
-p	如果目标目录是一个符号链接（软链接），直接切换到符号链接指向的目标目录

续表

选项	作用
-L	如果目标目录是一个符号链接，直接切换到符号链接名代表的目录，而非符号链接所指向的目标目录
-	当仅使用“-”一个选项时，当前工作目录将被切换到环境变量“OLDPWD”表示的目录

（3）参数

目录：目标目录。

（4）实例

进入 /admin 目录。

```
[root@localhost ~]# cd /admin
```

返回进入此目录之前所在的目录。

```
[root@localhost ~]#cd -
```

4. touch 命令

touch 命令有两个功能：一是把已存在文件的时间标签更新为系统当前的时间（默认方式），它们的数据将原封不动地保留下来；二是创建新的空文件。

（1）语法

```
touch 选项 参数
```

（2）选项

touch 命令可使用的选项及其作用如表 3-6 所示。

表 3-6 touch 命令可使用的选项及其作用

选项	作用
-a	或 --time=atime 或 --time=access 或 --time=use，只更改存取时间
-c	或 --no-create，不建立任何文件
-d	使用指定的日期时间，而非现在的时间
-f	此选项将忽略不予处理，仅负责解决 BSD 版本 touch 命令的兼容性问题
-r	使用参考档的时间记录，与 --file 的效果一样
-t	设定文件的时间记录，格式与 date 指令相同

（3）参数

文件：指定要设置时间属性的文件。

（4）实例

在当前目录下建立一个空文件 ex2。

```
[root@localhost ~]# touch ex2
```

设定文件的时间戳。

```
[root@localhost ~]#touch -t 202109121230 a.sh //-t 用十进制数
```

5. cp 命令

cp 命令用来将一个或多个源文件或者目录复制到目标文件或目录。

（1）语法

```
cp 选项 参数
```

（2）选项

cp 命令可使用的选项及其作用如表 3-7 所示。

表 3-7 cp 命令可使用的选项及其作用

选项	作用
-a	此选项的效果和同时指定“-dpR”选项的相同
-d	当复制符号链接时，把目标文件或目录也建立为符号链接，并指向与源文件或目录链接的原始文件或目录
-f	强行复制文件或目录，不论目标文件或目录是否已存在
-i	覆盖既有文件之前先询问用户
-l	对源文件建立硬链接，而非复制文件
-p	保留源文件或目录的属性
-R	仅仅是复制目录
-r	递归处理，可复制目录，如果复制目录必须加此选项

（3）参数

源文件：指定源文件。默认情况下，cp 命令不能复制目录。如果要复制目录，则必须使用 -R 选项。

目标文件：指定目标文件。当源文件为多个文件时，要求目标文件为目录。

（4）实例

将文件 file 复制到目录 /usr/men/tmp 下，并改名为 file1。

```
[root@localhost ~]# cp file /usr/men/tmp/file1
```

将当前目录 test/ 下的所有文件复制到新目录 newtest 下。

```
[root@localhost ~]# cp -r test/ newtest
```

6. mv 命令

mv 命令用来对文件或目录重新命名，或者将文件从一个目录移到另一个目录中。

（1）语法

```
mv 选项 参数
```

（2）选项

mv 命令可使用的选项及其作用如表 3-8 所示。

表 3-8　mv 命令可使用的选项及其作用

选项	作用
-b	当文件存在时，覆盖前为其创建一个备份
-f	若目标文件或目录与现有的文件或目录重复，则直接覆盖现有的文件或目录
-i	交互式操作，覆盖前先询问用户

（3）参数

源文件：指定源文件。

目标文件：如果“目标文件”是文件名，则在移动源文件的同时将其改名为“目标文件”的文件名；如果“目标文件”是目录名，则将源文件移动到“目标文件”所代表的目录下。

（4）实例

将目录 /usr/men 中的所有文件移到当前目录（用“.”表示）中。

```
[root@localhost ~]# mv /usr/men/* .
```

当目标文件存在时，先进行备份再覆盖，此处 b 目录下已经有 a1 文件。

```
[root@localhost ~]# mv -b a/a1 b/
mv: overwrite 'b/a1'? y
```

7．rm 命令

rm 命令可以删除一个目录中的一个或多个文件或目录，也可以将某个目录及其下属的所有文件及其子目录均删除。

（1）语法

```
rm 选项 参数
```

（2）选项

rm 命令可使用的选项及其作用如表 3-9 所示。

表 3-9　rm 命令可使用的选项及其作用

选项	作用
-d	直接把需要删除的目录的硬链接数据清零，并删除该目录
-f	强制删除文件或目录
-i	删除已有文件或目录之前先询问用户
-r 或 -R	递归处理，将指定目录下的所有文件与子目录一并处理

（3）参数

文件：指定被删除的文件，如果含有目录，则必须加上 -r 或者 -R 选项。

（4）实例

删除当前目录下除隐藏文件外的所有文件和子目录。

```
[root@localhost ~]# rm -r *
```

8. find 命令

find 命令用来在指定目录下查找文件。

（1）语法

```
find 选项 参数
```

（2）选项

find 命令可使用的选项及其作用如表 3-10 所示。

表 3-10　find 命令可使用的选项及其作用

选项	作用
-name	按文件名查找文件
-perm	按文件权限查找文件
-user	按文件属主查找文件
-group	按文件所属的组查找文件
-type	查找某一类型的文件

（3）参数

目录：指定查找文件的起始目录。

关键词：查找文件包含的关键词。

（4）实例

在 /home 目录下查找以 .txt 结尾的文件名

```
[root@localhost ~]# find /home -name "*.txt"
```

9. cat 命令

cat 经常用来显示或输出文件的内容。

（1）语法

```
cat 选项 参数
```

（2）选项

cat 命令可使用的选项及其作用如表 3-11 所示。

表 3-11　cat 命令可使用的选项及其作用

选项	作用
-n 或 --number	从 1 开始对所有输出的行数编号
-b 或 --number-nonblank	和 -n 相似，但对空白行不编号
-s 或 --squeeze-blank	将连续两行及以上的空白行替换为一行

（3）参数

文件：待显示或输出的文件名。

（4）实例

cat 命令的一些用法。

```
cat filename                    //一次显示整个文件
cat > filename                  //从键盘创建一个文件，>表示标准输入，一般是键盘
cat file1 file2 > file          //将file1 file2 文件合并为一个 file 文件
```

把 log2012.log 的文件内容加上行号后输入 log2013.log 这个文件里。

```
[root@localhost ~]# cat -n log2012.log log2013.log
```

10. grep 命令

grep 能使用正则表达式的方法搜索文本，并把匹配的行输出。

（1）语法

```
grep 选项 参数
```

（2）选项

grep 命令可使用的选项及其作用如表 3-12 所示。

表 3-12　grep 命令可使用的选项及其作用

选项	作用
-A	n --after-context，显示匹配字符的后 *n* 行
-B	n --before-context，显示匹配字符的前 *n* 行
-C	n --context，显示匹配字符的前后 *n* 行
-c	--count，计算符合样式的列数
-i	忽略大小写
-l	只列出文件内容符合指定样式的文件名称
-f	从文件中读取关键词
-n	显示匹配内容所在文件的行数
-R	递归查找文件夹

（3）参数

文件：指定搜索的文件。

关键词：在文件中搜索的内容。

（4）实例

从文件中读取关键词。

```
[root@localhost ~]# cat test1.txt | grep -f key.log
```

11. wc 命令

wc 命令的功能为统计指定的文件中字节数、行数、字符数等，并将统计结果输出。

（1）语法

```
wc 选项 参数
```

（2）选项

wc 命令可使用的选项及其作用如表 3-13 所示。

表 3-13　wc 命令可使用的选项及其作用

选项	作用
-c	统计字节数
-l	统计行数
-m	统计字符数
-w	统计词数。一个词被定义为由空格或换行字符分隔的字符串

（3）参数

文件：指定统计的文件。

（4）实例

统计 test.txt 文件的行数。

```
[root@localhost ~]# cat test.txt | wc -l
```

12. rmdir 命令

rmdir 命令用来删除空目录。当目录不再被使用时，或者硬盘空间已到达使用限定值时，就需要删除失去使用价值的目录。

（1）语法

```
rmdir 选项 参数
```

（2）选项

rmdir 命令可使用的选项及其作用如表 3-14 所示。

表 3-14　rmdir 命令可使用的选项及其作用

选项	作用
-p 或 --parents	删除指定目录后，若该目录的上层目录已变成空目录，则将其一并删除
--ignore-fail-on-non-empty	此选项使 rmdir 命令忽略由于删除非空目录导致的错误信息
-v 或 -verbose	显示命令的详细执行过程

（3）参数

目录：要删除的空目录。当删除多个空目录时，目录名之间使用空格隔开。

（4）实例

删除子目录 os_1。

```
[root@localhost ~]# rmdir -p bin/os_1
```

13. tree 命令

tree 命令以树状图列出目录的内容。

(1)语法

```
tree 选项 参数
```

(2)选项

tree 命令可使用的选项及其作用如表 3-15 所示。

表 3-15　tree 命令可使用的选项及其作用

选项	作用
-a	显示所有文件和目录
-A	使用 ASNI 绘图字符显示树状图而非以 ASCII 字符组合
-C	为文件和目录清单加上颜色，便于区分各种类型
-d	显示目录名称而非内容
-D	列出文件或目录的更改时间
-f	在每个文件或目录之前，显示完整的相对路径名称
-g	列出文件或目录的所属组名称，没有对应的名称则显示组识别码
-i	不以阶梯状列出文件和目录名称

(3)参数

目录：执行 tree 命令，它会列出指定目录下的所有文件，包括子目录里的文件。

(4)实例

以树状图列出所有文件和目录。

```
[root@localhost ~]# tree -a bin/os_2
```

14. pwd 命令

pwd 命令以绝对路径的方式显示用户当前工作目录。该命令将当前目录的全路径名称(从根目录)写入标准输出。

(1)语法

```
pwd 选项
```

(2)选项

pwd 命令可使用的选项及其作用如表 3-16 所示。

表 3-16　pwd 命令可使用的选项及其作用

选项	作用
--help	显示帮助信息
--version	显示版本信息

（3）实例

显示用户当前工作目录。

```
[root@localhost ~]# pwd
/root
```

15. ln 命令

ln 命令用来为文件创建链接，链接类型分为硬链接和符号链接两种，默认的链接类型是硬链接。

（1）语法

```
ln 选项 参数
```

（2）选项

ln 命令可使用的选项及其作用如表 3-17 所示。

表 3-17　ln 命令可使用的选项及其作用

选项	作用
-b 或 --backup	删除、覆盖目标文件之前的备份
-d 或 -F 或 --directory	建立目录的硬链接
-f 或 --force	强行建立文件或目录的链接，不论文件或目录是否存在
-i 或 --interactive	覆盖既有文件之前先询问用户
-n 或 --no-dereference	把符号链接的目的目录视为一般文件
-s 或 --symbolic	对源文件建立符号链接，而非硬链接

（3）参数

源文件：指定链接的源文件。如果使用 -s 选项创建符号链接，则源文件可以是文件或者目录。如果创建硬链接，则源文件参数只能是文件。

目标文件：指定源文件的目标链接文件。

（4）实例

为 log1.log 文件创建软链接 link1，如果 log1.log 丢失，link13 将失效。

```
ln -s log1.log link1
```

将目录 /usr/mengqc/mub1 下的文件 m2.c 链接到目录 /usr/liu 下的文件 a2.c。

```
[root@localhost ~]# cd /usr/mengqc
[root@localhost/usr/mengqc~]# ln /mub1/m2.c /usr/liu/a2.c
```

16. more 命令

more 命令是基于 vi 编辑器的文本过滤器，它以全屏幕的方式按页显示文本文件的内容，支持 vi 中的关键字定位操作。

（1）语法

```
more 选项 参数
```

（2）选项

more 命令可使用的选项及其作用如表 3-18 所示。

表 3-18　more 命令可使用的选项及其作用

选项	作用
- 数字	指定每页显示的行数
-d	显示“[press space to continue,'q' to quit.]”
-c	不进行滚屏操作，每次刷新这个屏幕
-s	将多个空行压缩成一行显示
-u	禁止下划线

（3）参数

文件：指定分页显示内容的文件。

（4）实例

显示文件 file 的内容，但在显示之前先清屏，并且在屏幕的最下方显示浏览的百分比。

```
[root@localhost ~]# more -dc file
```

17. less 命令

less 命令的作用与 more 命令十分相似，都可以用来浏览文字档案的内容，不同的是 less 命令允许用户向前或向后浏览文件，而 more 命令只能向前浏览。

（1）语法

```
less 选项 参数
```

（2）选项

less 命令可使用的选项及其作用如表 3-19 所示。

表 3-19　less 命令可使用的选项及其作用

选项	作用
-e	文件内容显示完毕后，自动退出
-f	强制显示文件
-g	不高亮显示搜索到的所有关键词，仅高亮显示当前页面的关键字，以加快显示速度
-l	搜索时忽略大小写的差异
-N	每一行行首显示行号
-s	将连续多个空行压缩成一行显示
-S	在单行显示较长的内容，而不换行显示

（3）参数

文件：指定要分页显示内容的文件。

（4）实例

显示文件 file 的内容，文件内容显示完毕后，自动退出。

```
[root@localhost ~]# less -e file
```

18. head 命令

head 命令用于显示文件开头的内容。在默认情况下，head 命令显示文件的头 10 行内容。

（1）语法

```
head 选项 参数
```

（2）选项

head 命令可使用的选项及其作用如表 3-20 所示。

表 3-20　head 命令可使用的选项及其作用

选项	作用
-n 数字	指定显示头部内容的行数
-c 字符数	指定显示头部内容的字符数
-v	总是显示文件名的头信息
-q	不显示文件名的头信息

（3）参数

文件：指定显示头部内容的文件。

（4）实例

显示文件 file 的头 10 行。

```
[root@localhost ~]# head file
```

显示文件 file 的头 5 行。

```
[root@localhost ~]# head -n 5 file
```

19. tail 命令

tail 命令用于显示文件的尾部内容。tail 命令默认在屏幕上显示指定文件的末尾 10 行。

（1）语法

```
tail 选项 参数
```

（2）选项

tail 命令可使用的选项及其作用如表 3-21 所示。

表 3-21　tail 命令可使用的选项及其作用

选项	作用
-n N 或 --line = N	输出文件的尾部 N（N 为数字）行内容
--pid = 进程号	与“-f”选项连用，当指定进程号的进程终止后，自动退出 tail 命令
-q 或 --quiet	当有多个文件参数时，不输出各个文件名
-s 秒数	与“-f”选项连用，指定监视文件变化时间隔的时间，以秒为单位

（3）参数

文件列表：指定要显示尾部内容的文件列表。

（4）实例

显示文件 file 的最后 5 行。

```
[root@localhost ~]# tail -n 5 file
```

显示文件 file 的最后 10 行。

```
[root@localhost ~]# tail file
```

基础命令及其作用汇总如表 3-22 所示。

表 3-22　基础命令及其作用汇总

命令	作用
ls	显示目录
mkdir	创建目录
cd	切换目录
touch	创建空文件
echo	创建带有内容的文件
cp	复制文件或目录
mv	移动或重命名文件或目录
rm	删除文件或目录
find	在指定目录下查找某文件
cat	显示文件内容
grep	在文本文件中搜索文本
wc	统计文件中字节数、行数、字符数等
rmdir	删除空目录
tree	以树状图显示目录，需要安装 tree 包
pwd	显示当前工作目录
ln	为文件创建链接
more、less	分页显示文本文件内容
head、tail	显示文件头、尾内容

3.3.2 系统管理命令

用户可在统信 UOS 中使用命令进行用户、网络等相关的系统管理。下面将介绍常用的系统管理命令。

1. stat 命令

stat 命令用于显示文件的状态信息。stat 命令的输出信息比 ls 命令的输出信息更详细。

（1）语法

```
stat 选项 参数
```

（2）选项

stat 命令可使用的选项及其作用如表 3-23 所示。

表 3-23　stat 命令可使用的选项及其作用

选项	作用
-L	支持符号链接
-f	显示文件系统状态而非文件状态
-t	以简洁方式输出信息
--help	显示命令的帮助信息
--version	显示命令的版本信息

（3）参数

文件：指定要显示信息的普通文件或者文件系统对应的设备文件。

（4）实例

显示当前目录下包括隐藏文件在内的所有文件的信息。

```
[root@localhost ~]# stat myfile
file: "myfile"
Size: 0               Blocks: 8          IO Block: 4096
Device: fd00h/64768d    Inode: 194805815    Links: 1
Access: (0644/-rw-r--r--)  Uid: (0/root)    Gid: (0/root)
Access: 2021-7 12:22:35.000000000 +0800
Modify: 2021-7-27 20:44:21.000000000 +0800
Change: 2021-7-27 20:44:21.000000000 +0800
```

获取文件的大小。

```
[root@localhost ~]# stat -c %s file
```

2. who 命令

who 命令用于显示当前登录系统的用户信息。执行 who 命令可得知当前有哪些用户登录系统，单独执行 who 命令会列出登录账号、使用的终端机、登录时间以及从何处登录或正在使用哪台显示器。

（1）语法

```
who 选项 参数
```

（2）选项

who 命令可使用的选项及其作用如表 3-24 所示。

表 3-24　who 命令可使用的选项及其作用

选项	作用
-H 或 --heading	显示各信息列的标题
-i 或 -u 或 --idle	显示闲置时间，若该用户在前一分钟之内有进行任何动作，将该用户的闲置时间标示成“.”号，如果该用户已超过 24 小时没有任何动作，则标示出“old”字符串
-m	仅显示关于当前终端的信息
-q 或 --count	只显示登录系统的账号名称和总人数

（3）参数

文件：指定查询文件。

（4）实例

显示当前登录系统的用户信息。

```
[root@localhost ~]# who
root      pts/0        2021-07-27 15:04 (192.168.0.134)
root      pts/1        2021-07-27 19:37 (180.111.155.40)
```

显示当前用户的 IP 信息。

```
[root@localhost ~]# who -m
```

3. whoami 命令

whoami 命令用于输出当前有效的用户名称，相当于执行 id -un 命令。

（1）语法

```
whoami 选项
```

（2）选项

whoami 命令可使用的选项及其作用如表 3-25 所示。

表 3-25　whoami 命令可使用的选项及其作用

选项	作用
--help	获取在线帮助
--version	显示版本信息

（3）实例

输出当前有效的用户名称。

```
[root@localhost ~]# whoami
root
```

显示 whoami 命令的帮助信息。

```
[root@localhost ~]# whoami --help
```

4. hostname 命令

hostname 命令用于显示和设置系统的主机名称。

（1）语法

```
hostname 选项 参数
```

（2）选项

hostname 命令可使用的选项及其作用如表 3-26 所示。

表 3-26 hostname 命令可使用的选项及其作用

选项	作用
-v	详细信息模式
-a	显示主机别名
-d	显示 DNS 域名
-f	显示 FQDN 名称
-i	显示主机的 IP 地址
-s	显示短主机名称，在第一个点处截断
-y	显示 NIS 域名

（3）参数

主机名：指定要设置的主机名。

（4）实例

显示当前主机的名称。

```
[root@AY1307311912260196fcZ ~]# hostname
AY1307311912260196fcZ
```

显示主机别名。

```
[root@AY1307311912260196fcZ ~]# hostname -a
```

5. uname 命令

uname 命令用于输出当前系统相关信息（内核版本号、硬件架构、主机名称和操作系统类型等）。

（1）语法

```
uname 选项
```

（2）选项

uname 命令可使用的选项及其作用如表 3-27 所示。

表 3-27　uname 命令可使用的选项及其作用

选项	作用
-a 或 --all	显示全部的信息
-m 或 --machine	显示计算机类型
-n 或 --nodename	显示网络上的主机名称
-r 或 --release	显示操作系统的发行编号
-s 或 --sysname	显示操作系统名称
-v	显示操作系统的版本
-p 或 --processor	输出处理器类型或“unknown”
-i 或 --hardware-platform	输出硬件平台或“unknown”
-o 或 --operating-system	输出操作系统名称

（3）实例

查看当前系统的相关信息。

```
[root@localhost ~]# uname
UOS
```

显示计算机类型。

```
[root@localhost ~]# uname -m
x86_6
```

6. top 命令

top 命令可以实时、动态地查看系统的整体运行情况，是一个综合了多方信息监测系统性能和运行信息的实用工具。

（1）语法

```
top 选项
```

（2）选项

top 命令可使用的选项及其作用如表 3-28 所示。

表 3-28　top 命令可使用的选项及其作用

选项	作用
-b	以批处理模式操作
-c	显示完整的治命令
-d	屏幕刷新间隔时间
-I	忽略失效过程
-s	保密模式
-S	累积模式
-n	显示更新后退出

(3)实例

显示当前所有进程的信息。

```
[root@localhost ~]# top
top - 09:44:56 up 16 days, 21:23,  1 user,  load average: 9.59, 4.75, 1.92
Tasks: 145 total,   2 running, 143 sleeping,   0 stopped,   0 zombie
Cpu(s): 99.8%us,  0.1%sy,  0.0%ni,  0.2%id,  0.0%wa,  0.0%hi,  0.0%si
Mem:   4147888k total,  2493092k used,  1654796k free,   158188k buffers
Swap:  5144568k total,       56k used,  5144512k free,  2013180k cached
```

显示更新十次后退出。

```
[root@localhost ~]# top -n 10
```

7. du 命令

du 命令用于查看使用空间，查看的是文件和目录硬盘使用的空间。

(1)语法

```
du 选项 参数
```

(2)选项

du 命令可使用的选项及其作用如表 3-29 所示。

表 3-29　du 命令可使用的选项及其作用

选项	作用
-a 或 -all	显示目录中个别文件的大小
-b 或 -bytes	显示目录或文件大小时，以字节（B）为单位
-c 或 --total	除了显示个别目录或文件的大小外，也显示所有目录或文件的总和
-k 或 --kilobytes	以 KB 为单位输出
-m 或 --megabytes	以 MB 为单位输出
-s 或 --summarize	仅显示总计，只列出最后总的值
-h	以方便阅读的格式显示

(3)参数

文件、目录或者磁盘：指定查看使用空间的对象。

(4)实例

显示目录或者文件所占空间。

```
[root@localhost ~]# du
608 ./test6
308 ./test4
4 ./scf/lib
4 ./scf/service/deploy/product
4 ./scf/service/deploy/info
```

以方便阅读的格式显示 test 目录所占空间情况。

```
[root@localhost ~]#  du -h test
```

8. df 命令

df 命令用于显示硬盘分区上可使用的硬盘空间。

（1）语法

```
df 选项 参数
```

（2）选项

df 命令可使用的选项及其作用如表 3-30 所示。

表 3-30　df 命令可使用的选项及其作用

选项	作用
-a 或 --all	包含全部的文件系统
--block-size = 区块大小	以指定的区块大小来显示区块数目
-h 或 --human-readable	以可读性较高的方式来显示信息
-H 或 --si	与 -h 选项相同，但在计算时以 1000B 为换算单位
-i 或 --inodes	显示 inode 的信息
-k 或 --kilobytes	指定区块大小为 1024B
-l 或 --local	仅显示本地的文件系统
-m 或 --megabytes	指定区块大小为 1048576B
--total	显示硬盘的所有信息

（3）参数

文件：指定文件系统上的文件。

（4）实例

查看系统硬盘设备，默认以 KB 为单位。

```
[root@localhost ~]# df
文件系统        1K- 块         已用          可用          已用 %    挂载点
/dev/sda2      146294492     28244432     110498708     21%      /
/dev/sda1      1019208       62360        904240        7%       /boot
tmpfs          1032204       0            1032204       0%       /dev/shm
/dev/sdb1      2884284108    218826068    2518944764    8%       /data1
```

显示硬盘的所有信息。

```
[root@localhost ~]# df --total
```

9. ifconfig 命令

ifconfig 命令用于配置和显示内核中网络接口的参数。

（1）语法

```
ifconfig 参数
```

（2）参数

ifconfig 命令可使用的参数及其作用如表 3-31 所示。

表 3-31　ifconfig 命令可使用的参数及其作用

参数	作用
add 地址	设置网络设备 IPv6 的 IP 地址
del 地址	删除网络设备 IPv6 的 IP 地址
up/down	启动 / 关闭指定的网络设备
hw 网络设备类型 硬件地址	设置网络设备的类型与硬件地址
io_addr I/O 地址	设置网络设备的 I/O 地址
irq IRQ 地址	设置网络设备的 IRQ
media 网络媒介类型	设置网络设备的媒介类型
mem_start 内存地址	设置网络设备在主内存所占用的起始地址
metric 数目	指定在计算数据包的转送次数时要加的数目
mtu 字节	设置网络设备的 MTU
netmask 子网掩码	设置网络设备的子网掩码
tunnel 地址	建立 IPv4 与 IPv6 之间的隧道通信地址

（3）实例

显示激活状态的网络设备的信息。

```
[root@localhost ~]# ifconfig
eth0      Link encap:Ethernet  HWaddr 00:16:3E:00:1E:51
          inet addr:10.160.7.81  Bcast:10.160.15.255  Mask:255.255.240.0
          UP BROADCAST RUNNING MULTICAST  MTU:1500  Metric:1
          RX packets:61430830 errors:0 dropped:0 overruns:0 frame:0
          TX packets:88534 errors:0 dropped:0 overruns:0 carrier:0
          collisions:0 txqueuelen:1000
          RX bytes:3607197869 (3.3 GiB)  TX bytes:6115042 (5.8 MiB)
lo        Link encap:Local Loopback
          inet addr:127.0.0.1 Mask:255.0.0.0
          UP LOOPBACK RUNNING  MTU:16436  Metric:1
          RX packets:56103 errors:0 dropped:0 overruns:0 frame:0
          TX packets:56103 errors:0 dropped:0 overruns:0 carrier:0
          collisions:0 txqueuelen:0
          RX bytes:5079451 (4.8 MiB)  TX bytes:5079451 (4.8 MiB)
```

启动、关闭指定网卡。

```
[root@localhost ~]# ifconfig eth0 up
[root@localhost ~]# ifconfig eth0 down
```

修改 MAC 地址。

```
[root@localhost ~]# ifconfig eth0 hw ether 00:AA:BB:CC:DD:EE
```

10. ping 命令

ping 命令用来测试主机之间网络的连通性。

（1）语法

```
ping 选项 参数
```

（2）选项

ping 命令可使用的选项及其作用如表 3-32 所示。

表 3-32　ping 命令可使用的选项及其作用

选项	作用
-d	使用 Socket 的 SO_DEBUG 功能
-c　完成次数	设置完成要求回应的次数
-f	极限检测
-i　间隔秒数	指定收发信息的间隔时间
-I　网络界面	使用指定的网络界面送出数据包
-l　前置载入	设置在送出要求信息之前先发出的数据包
-n	只输出数值

（3）参数

目的主机：指定发送 ICMP 报文的目的主机。

（4）实例

测试主机与目标主机之间网络的连通性。

```
[root@localhost ~]# ping www.chinauos.com
PING host.1.Linuxde.net (100.42.212.8) 56(84) bytes of data.
64 bytes from 100-42-212-8.static.webnx.com (100.42.212.8): icmp_seq=1 ttl=50
time=177 ms
64 bytes from 100-42-212-8.static.webnx.com (100.42.212.8): icmp_seq=2 ttl=50
time=178 ms
64 bytes from 100-42-212-8.static.webnx.com (100.42.212.8): icmp_seq=3 ttl=50
time=174 ms
64 bytes from 100-42-212-8.static.webnx.com (100.42.212.8): icmp_seq=4 ttl=50
time=177 ms
... 按 Ctrl+C 结束

--- host.1.Linuxde.net ping statistics ---
4 packets transmitted, 4 received, 0% packet loss, time 2998ms
rtt min/avg/max/mdev = 174.068/176.916/178.182/1.683 ms
```

测试 2 次主机与目标主机之间网络的连通性。

```
[root@localhost ~]# ping -c 2 www.baidu.com
```

11. netstat 命令

netstat 命令用来输出网络系统的状态信息，帮助用户了解整个统信 UOS 的网络情况。

（1）语法

```
netstat 选项
```

（2）选项

netstat 命令可使用的选项及其作用如表 3-33 所示。

表 3-33 netstat 命令可使用的选项及其作用

选项	作用
-a 或 --all	显示所有连线中的端口
-A 网络类型 或 -- 网络类型	列出该网络类型连线中的相关地址
-c 或 --continuous	持续列出网络状态
-C 或 --cache	显示路由器配置的快取信息
-e 或 --extend	显示网络其他相关信息
-F 或 --fib	显示 FIB
-g 或 --groups	显示多重广播功能组的组员名单

（3）实例

列出所有端口（包括监听和未监听的）。

```
[root@localhost ~]# netstat -a
```

12. man 命令

man 命令是 Linux 下的帮助命令，通过 man 命令可以查看 Linux 中的命令帮助、配置文件帮助和编程帮助等信息。

（1）语法

```
man 选项 参数
```

（2）选项

man 命令可使用的选项及其作用如表 3-34 所示。

表 3-34 man 命令可使用的选项及其作用

选项	作用
-a	在所有的 man 帮助手册中搜索
-f	等价于 whatis 命令，显示给定关键字的简短描述信息
-P	指定内容时使用分页程序
-M	指定 man 手册搜索的路径

（3）参数

数字：指定从哪本 man 手册中搜索帮助信息。

关键字：指定要搜索帮助的关键字。

（4）实例

显示 sleep 命令的帮助手册。

```
[root@localhost ~]# man sleep
```

在所有的 man 帮助手册中搜索 sleep 命令。

```
[root@localhost ~]# man -a sleep
```

13. alias 命令

alias 命令用来设置命令的别名。

（1）语法

```
alias 选项 参数
```

（2）选项

alias 命令可用的选项为 -p，作用是输出已经设置的命令别名。

（3）参数

命令别名：定义命令别名，格式为“命令别名 =' 实际命令 '”。

（4）实例

查看系统已经设置的别名。

```
[root@localhost ~]# alias -p
alias cp='cp -i'
alias l.='ls -d .* --color=tty'
alias ll='ls -l --color=tty'
alias ls='ls --color=tty'
alias mv='mv -i'
alias rm='rm -i'
alias which='alias | /usr/bin/which --tty-only --read-alias --show-dot --show-
tilde'1
```

给 ls 命令设置别名 lx。

```
[root@localhost ~]# alias lx=ls
```

14. kill 命令

kill 命令用来结束执行中的程序或作业。

（1）语法

```
kill 选项 参数
```

（2）选项

kill 命令可使用的选项及其作用如表 3-35 所示。

表 3-35　kill 命令可使用的选项及其作用

选项	作用
-a	当处理当前进程时，不限制命令名和进程号的对应关系
-l 信息编号	若不加信息编号，则会列出全部的信息名称

续表

选项	作用
-p	指定 kill 命令只输出相关进程的进程号，而不发送任何信号
-s 信息名称或编号	指定要送出的信息
-u	指定用户

（3）参数

进程或作业识别号：指定要结束的进程或作业。

（4）实例

先查找进程，然后结束该进程。

```
[root@localhost ~]# ps -ef | grep vim
root      3268  2884  0 16:21 pts/1     00:00:00 vim install.log
root      3370  2822  0 16:21 pts/0     00:00:00 grep vim

[root@localhost ~]# kill 3268
[root@localhost ~]# kill 3268
-bash: kill: (3268) - 没有那个进程
```

强制结束进程。

```
[root@localhost ~]# kill -KILL 123456
```

15. shutdown 命令

shutdown 命令为系统关机命令。shutdown 命令可以关闭所有程序，并根据用户的需要，进行重新开机或关机的动作。

（1）语法

```
shutdown 选项 参数
```

（2）选项

shutdown 命令可使用的选项及其作用如表 3-36 所示。

表 3-36　shutdown 命令可使用的选项及其作用

选项	作用
-c	当执行“shutdown -h 11:50”命令时，只要按“+”键就可以中断关机的命令
-f	重新启动时不执行 fsck
-F	重新启动时执行 fsck
-h	将系统关机
-k	只是送出信息给所有用户，而不会真的关机
-n	不调用 init 程序进行关机，而由 shutdown 自己进行
-r	shutdown 之后重新启动
-t< 秒数 >	送出警告信息和删除信息之间要延迟多少秒

（3）参数

时间：设置多久时间后执行 shutdown 命令，如果是 now 则立即关机。

警告信息：要传送给所有可登录用户的信息。

（4）实例

现在立即关机。

```
[root@localhost ~]# shutdown -h now
```

指定 5 分钟后关机，同时给登录用户发送警告信息。

```
[root@localhost ~]# shutdown +5 "System will shutdown after 5 minutes"
```

系统管理命令及其作用汇总如表 3-37 所示。

表 3-37　系统管理命令及其作用汇总

命令	作用
stat	显示指定文件的状态信息，输出的信息比 ls 输出的更详细
who	显示目前登录系统的用户信息
whoami	输出当前有效的用户名称
hostname	显示主机名称
uname	输出当前系统相关信息
top	动态显示系统的整体运行情况
ps	显示瞬间进程状态，如 ps -aux
du	查看目录大小，如 du -h /home 表示带有单位显示目录信息
df	查看硬盘空间，如 df -h 表示带有单位显示硬盘信息
ifconfig	配置和显示网络接口的参数
ping	测试网络的连通性
netstat	显示网络系统的状态信息
man	寻找帮助
clear	清屏
alias	给命令设置别名，如 alias showmeit ="ps -aux"
kill	结束进程，可以先用 ps 或 top 命令查看进程的 ID，然后用 kill 命令结束进程
shutdown	关机 / 重启命令
halt	关机
reboot	重启

3.3.3 打包和压缩相关命令

在 Linux 中，对文件或目录进行打包（归档）和压缩，是每个初学者应该掌握的基本技能。打包指的是将多个文件和目录集中存储在一个文件中，而压缩则指的是利用算法对文件进行处理，从而缩减占用的硬盘空间大小。接下来将介绍统信 UOS 中对文件或目录进行打包和压缩操作的相关命令。

1. gzip 命令

gzip 命令用来压缩文件。gzip 是使用广泛的压缩程序，文件经它压缩过后，其名称后面会多出“.gz”。

（1）语法

```
gzip 选项 参数
```

（2）选项

gzip 命令可使用的选项及其作用如表 3-38 所示。

表 3-38　gzip 命令可使用的选项及其作用

选项	作用
-a 或 --ascii	使用 ASCII 文字模式
-d 或 --decompress	解压缩文件
-f 或 --force	强行压缩文件，不论文件名称或硬链接是否存在以及该文件是否存在符号链接
-l 或 --list	列出压缩文件的相关信息
-L 或 --license	显示版本与版权信息
-n 或 --no-name	压缩文件时，不保存原来的文件名称及时间戳
-N 或 --name	压缩文件时，保存原来的文件名称及时间戳

（3）参数

文件：指定要压缩的文件。

（4）实例

把 test6 目录下的每个文件压缩成 .gz 文件，* 表示当前目录的所有文件。

```
[root@localhost/test6 ~]# gzip *
```

显示压缩文件的信息。

```
[root@localhost/test6 ~]# gzip -l *
```

2. bzip2 命令

bzip2 命令用于创建和管理（包括解压缩）扩展名为“.bz2”的压缩包。

（1）语法

```
bzip2 选项 参数
```

（2）选项

bzip2 命令可使用的选项及其作用如表 3-39 所示。

表 3-39 bzip2 命令可使用的选项及其作用

选项	作用
-c 或 --stdout	将压缩与解压缩的结果送到标准输出
-d 或 --decompress	执行解压缩
-f 或 --force	bzip2 在压缩或解压缩时，若输出文件与现有文件同名，默认不会覆盖现有文件。若要覆盖，请使用此选项
-k 或 --keep	bzip2 在压缩或解压缩后，会删除原始文件。若要保留原始文件，请使用此选项
-s 或 --small	降低程序执行时内存的使用量
-t 或 --test	测试 .bz2 压缩文件的完整性
-v 或 --verbose	压缩或解压缩文件时，显示详细的信息
-z 或 --compress	强制执行压缩

（3）参数

文件：指定要压缩的文件。

（4）实例

压缩文件 filename。

```
[root@localhost/test6 ~]# bzip2 filename
```

检查文件的完整性。

```
[root@localhost/test6 ~]# bzip2 -t filename.bz2
```

3. tar 命令

tar 命令可以为统信 UOS 的文件和目录创建档案。

（1）语法

```
tar 选项 参数
```

（2）选项

tar 命令可使用的选项及其作用如表 3-40 所示。

表 3-40 tar 命令可使用的选项及其作用

选项	作用
-A 或 --catenate	新增文件到已存在的备份文件
-B	设置区块大小
-f 备份文件 或 --file = 备份文件	指定备份文件
-v 或 --verbose	显示命令执行过程
-r	添加文件到已经压缩的文件
-u	添加改变了的和现有的文件到已经存在的压缩文件

续表

选项	作用
-j	支持 bzip2 解压缩文件
-v	显示操作过程
-l	文件系统边界设置
-k	保留原有文件不覆盖
-m	保留文件不被覆盖
-w	确认压缩文件的正确性

（3）参数

文件或目录：指定要打包的文件或目录。

（4）实例

把 test6 目录下的文件全部打包成 tar 包。

```
[root@localhost/test6 ~]# tar -cvf log.tar log2012.log
```

注意这几个命令的区别。

```
tar -cvf log.tar log2012.log     # 仅打包，不压缩
tar -zcvf log.tar.gz log2012.log    # 打包后，压缩成 .gz 文件
tar -jcvf log.tar.bz2 log2012.log   # 打包后，压缩成 .bzz 文件
```

上述打包和压缩相关命令及其作用汇总如表 3-41 所示。

表 3-41 打包和压缩相关命令及其作用汇总

命令	作用
gzip	打包和压缩成 .gz 文件
bzip2	打包和压缩成 .bz2 文件
tar	打包和压缩成 .tar 文件

第 04 章

用户、密码和组管理

登录统信 UOS 一定要有账号和密码，不同的用户应该拥有不同的权限。在统信 UOS 环境下，可以通过多种方式来限制用户可使用的系统资源，以此形成不同组开发项目的规范。我们将分别从用户管理、密码管理以及组管理来阐述本章内容。

4.1 用户管理

系统管理员相当重要的一个工作是“管理账号”。整个系统都由系统管理员来管理，所有一般用户的账号申请都必须通过其审核。因此系统管理员需要了解如何管理好一个主机的账号。

在管理统信 UOS 主机账号前，必须先了解统信 UOS 到底是如何辨别每一个用户的。

4.1.1 用户的配置文件

要了解用户的基本信息，需要从最基本的配置文件开始了解，现在我们先来了解一下管理用户的基本配置文件。用户配置文件一般由表 4-1 所示的信息组成，这些文件保存在 /etc 目录下。

表 4-1　用户配置文件及其文件描述

用户配置文件目录	文件描述
/etc/passwd	用户的配置文件，保存用户账户的基本信息
/etc/shadow	用户影子口令文件
/etc/group	用户组配置文件
/etc/gshadow	用户组的影子文件
/etc/default/useradd	使用 useradd 添加用户时需要调用的一个默认配置文件
/etc/login.defs	定义创建用户时需要的一些用户配置文件
/etc/skel	存放新用户配置文件的目录

配置文件 /etc/shadow 与 /etc/group 会在接下来的 4.2 和 4.3 节介绍，下面详细讲解用户配置文件中的 /etc/passwd 文件。

/etc/passwd 文件是最基本的保存用户信息的配置文件，我们直接从操作开始讲解。先打开终端登录管理员账号（一般为 root），执行如下命令。

```
cat /etc/passwd
```

此时可看到文件中有许多行代码，其中所存的便是系统用户的信息。下面的代码是该文件部分内容。

```
root:x:0:0:root:/root:/bin/bash
daemon:x:1:1:daemon:/usr/sbin:/usr/sbin/nologin
bin:x:2:2:bin:/bin:/usr/sbin/nologin
......
systemd-coredump:x:998:998:systemd Core Dumper:/:/usr/sbin/nologin
qin:x:1000:1000::/home/qin:/bin/bash
```

可以看到 /etc/passwd 文件中每行定义一个用户账号，有多少行就表示有多少个账号，在一行中可以清晰地看出：各内容之间又通过“:”划分为 7 个字段，这 7 个字段分别定义账号的不同属性。

- 字段 1：账号名。这是用户登录时使用的账户名称，在系统中是唯一的，不能重名。
- 字段 2：密码占位符 x。在早期的 UNIX 系统中，该字段用于存放账户和密码，由于安全原因，后来把密码移到 /etc/shadow 中了。可以看到一个字母 x，表示该用户的密码受 etc/shadow 文件保护。
- 字段 3：UID。不同的 ID 有不同的特性，如表 4-2 所示。

表 4-2　统信 UOS 中的 ID 划分及其使用者特性

ID 范围	ID 使用者特性
0	账号为 [系统管理员]。若想要将除 root 外的其他账号配置管理员权限，将其 UID 改为 0 即可，因此系统管理员不一定为 root
1 ~ 999	保留给系统使用的 ID，其实除了 0 之外，其他的 UID 权限与特性并没有不一样。 由于系统上面启动的服务希望使用较小的权限去运作，不希望使用 root 的身份去执行这些服务，因此就得提供这些运作中程序的拥有者账号。这些系统账号通常是不可登录的，一般会给予 /sbin/nologin 与 /bin/false 这两个特殊的 Shell
1000 之后	给一般使用者分配的 UID

- 字段 4：GID。也称为组 ID，相当于公司中不同的部门，用于规范组名与 GID。默认情况下会同时建立一个与用户同名且 UID 和 GID 相同的组。
- 字段 5：用户说明。用于解释账号的意义，可以不填。
- 字段 6：主目录。也称为家目录，是用户登录后首先进入的目录。以 root 为例，root 的主目录为 /root ，因此当登录 root 用户时，初始目录为 /root 目录。默认的用户主目录为 /home/ 用户名。
- 字段 7：登录 Shell。用户登录系统后就会取得一个 Shell 来与系统内核沟通，以进行操作任务。需要注意，/sbin/nologin 与 /bin/false 这两个 Shell 可以替代成让账号无法取得 Shell 环境的登入动作。

4.1.2 统信 UOS 用户管理命令

了解用户管理的基本配置信息之后，为进一步介绍如何管理用户，接下来将从添加、删除、修改、检查这 4 个基本的管理操作开始讲解。

1. 添加用户

useradd 命令用于创建用户账号。使用 useradd 命令时，需要注意一些地方，比如当执行如下命令：

```
useradd qin
cat /etc/passwd
```

可以看到文件中出现以下字符，表示用户 qin 已被创建。

```
qin:x:1001:1001::/home/qin:/bin/bash
```

根据前面的介绍，可以判断字段 6 的 /home/qin 是主目录，那么执行如下命令：

```
ls -l /home
```

运行结果如下。

```
drwxr-xr-x 20 qin qin 4096 7月  28 16:11 qin
```

可以发现，home 目录下，居然没有同名文件夹。执行如下 su 命令进入该用户所属文件夹：

```
su - qin
```

将出现下面的报错信息。

```
su: warning: cannot change directory to /home/qin: 没有那个文件或目录
```

这是因为，使用的 useradd 命令不完整。应该在 useradd 与用户名之间添加参数，例如执行如下命令：

```
useradd -m qin2
cat /etc/passed
ls -l /home
```

运行结果如下。

```
qin2:x:1002:1002::/home/qin2:/bin/sh
drwxr-xr-x 20 qin  qin  4096 7月  28 16:11 qin
drwxr-xr-x 13 qin2 qin2 4096 7月  28 16:23 qin2
```

可以看到，用户 qin2 被成功创建，且 home 目录下也出现了相应的同名文件夹。执行如下命令：

```
su - qin2
```

就可以进入该目录了。除了“useradd -m 用户名”这个用法，useradd 命令还有其他用法，其规定语法格式如下。

```
useradd 选项 参数
```

useradd 命令可使用的选项及其后添加的参数，如表 4-3 所示。

表 4-3　useradd 命令可使用的选项及其后添加的参数

选项	选项后添加的参数
-c	添加备注信息
-d	指定有效主目录
-g	指定用户组
-G	指定附加组
-n	取消以用户为名的组
-s	指定登录 Shell
-u	指定用户 ID

例如执行如下命令：

```
useradd -c userqin3 qin3
cat /etc/passwd
```

运行结果如下。

```
qin3:x:1003:1003:userqin3:/home/qin3:/bin/sh
```

可以看到，出现了对用户 qin3 的描述信息。又如执行如下命令：

```
useradd -m -d /tmp/qin4 qin4
cat /etc/passwd
```

运行结果如下。

```
qin4:x:1004:1004::/tmp/qin4:/bin/sh
```

可以看到，用户 qin4 的主目录变成 /tmp/qin4。

除了以上命令，还可以执行如下命令：

```
man useradd
```

以查看 useradd 命令更多的使用格式与用法。

2. 删除用户

除了添加用户的命令，还有删除用户的命令。如果一个用户的账号不再使用，可将其从系统中删除。删除用户账号就是将 /etc/passwd 等系统文件中的该用户记录删除，必要时还需删除用户的主目录。删除已有的用户账号使用 userdel 命令，其语法格式如下。

```
userdel 选项 用户名
```

例如，/etc/passwd 系统文件中含有 qin1、qin2……qin6 这 6 个用户，如果要删除它们，执行如下命令：

```
userdel -r qin1
userdel -r qin2
……
userdel -r qin6
```

运行结果如下。

```
userdel: qin6 邮件池 (/var/mail/qin1) 未找到
userdel: 未找到 qin1 的主目录"/home/qin1"
……
userdel: qin6 邮件池 (/var/mail/qin6) 未找到
userdel: 未找到 qin6 的主目录"/home/qin6"
```

这样便删除了这 6 个用户。其中，-r 选项的意思是将所有与该用户相关的信息删除，也就是将其主目录一并删除。

当执行删除命令后，可执行如下命令来验证是否成功删除。

```
cat /etc/passwd
```

3. 修改用户信息

修改用户信息就是根据实际情况更改用户的有关属性，如账户名、主目录、GID、登录 Shell 等。比如当设置了一个 Shell 为 nologin（无法登录系统）的用户，希望将其重新设置为可以登录时，需要怎么做呢？

首先是执行如下命令新建一个 Shell 为 nologin 的新用户 qin1，并设置其密码。

```
useradd -s /usr/sbin/nologin qin1
passwd qin1
```

此时进入命令行界面登录 qin1 账户，发现正如设置的 nologin 那样，是无法登录的。

那么应该如何去做，才可以修改用户账号信息呢？其实方法有很多种，这里选其中 3 种介绍。

第一种是执行如下命令，启动 Vim 编辑器。

```
vim /etc/passwd
```

然后使用 Vim 编辑器进入 /etc/passwd 系统文件进行修改，图 4-1 所示。

```
usbmux:x:109:46:usbmux daemon,,,:/var/lib/usbmux:/usr/sbin/nologin
sshd:x:110:65534::/run/sshd:/usr/sbin/nologin
deepin-anything-server:x:999:999::/home/deepin-anything-server:/sbin/nologin
nm-openvpn:x:111:117:NetworkManager OpenVPN,,,:/var/lib/openvpn/chroot:/usr/sbin/nolog
nm-openconnect:x:112:118:NetworkManager OpenConnect plugin,,,:/var/lib/NetworkManager:
pulse:x:113:120:PulseAudio daemon,,,:/var/run/pulse:/usr/sbin/nologin
hplip:x:114:7:HPLIP system user,,,:/var/run/hplip:/bin/false
geoclue:x:115:122::/var/lib/geoclue:/usr/sbin/nologin
deepin-user-experience:x:116:123::/var/lib/deepin-user-experience:/usr/sbin/nologin
lightdm:x:117:124:Light Display Manager:/var/lib/lightdm:/bin/false
deepin-sound-player:x:118:125::/var/lib/deepin-sound-player:/usr/sbin/nologin
systemd-coredump:x:998:998:systemd Core Dumper:/:/usr/sbin/nologin
qin:x:1000:1000::/home/qin:/bin/bash
qin1:x:1001:1001::/home/qin1:/usr/sbi
-- 插入 --
```

图 4-1 /etc/passwd 系统文件

若不会使用 Vim 编辑器，可以采用第二种方法，使用如下命令：

```
sudo deepin-editor /etc/passwd
```

运行结果如下。

```
信任您已经从系统管理员那里了解了日常注意事项。
总结起来无外乎这三点：
#1） 尊重别人的隐私。
#2） 输入前要先考虑（后果和风险）。
#3） 权力越大，责任越大。
请输入密码
```

输入密码后，会弹出一个窗口，窗口中显示了 /etc/passwd 系统文件的内容，如图 4-2 所示，即可直接在该文件中修改账号和密码，从而达到修改用户信息的目的。

之后再进入命令行界面，输入账号与密码，就会发现可以登录了。

以上两种方法虽然都可以达到修改用户信息的目的，不过一般只在进行大规模的修改时才会使用，平常使用的是更加简洁的 usermod 命令，其格式如下。

```
usermod 选项 用户名
```

该命令常用的选项包括 -c、-d、-m、-g、-G、-s、-u 以及 -o 等，这些选项的意义与 useradd 命令中的一样，可以为用户指定新的资源值。

```
17 gnats:x:41:41:Gnats Bug-Reporting System (admin):/var/lib/gnats:/usr/sbin/nologin
18 nobody:x:65534:65534:nobody:/nonexistent:/usr/sbin/nologin
19 systemd-timesync:x:100:102:systemd Time Synchronization,,,:/run/systemd:/usr/sbin/n
20 systemd-network:x:101:103:systemd Network Management,,,:/run/systemd:/usr/sbin/nolo
21 systemd-resolve:x:102:104:systemd Resolver,,,:/run/systemd:/usr/sbin/nologin
22 messagebus:x:103:106::/nonexistent:/usr/sbin/nologin
23 _apt:x:104:65534::/nonexistent:/usr/sbin/nologin
24 sstpc:x:105:111:Secure Socket Tunneling Protocol (SSTP) Client,,,:/var/run/sstpc/:
25 dnsmasq:x:106:65534:dnsmasq,,,:/var/lib/misc:/usr/sbin/nologin
26 strongswan:x:107:65534::/var/lib/strongswan:/usr/sbin/nologin
27 tss:x:108:112:TPM2 software stack,,,:/var/lib/tpm:/bin/false
28 usbmux:x:109:46:usbmux daemon,,,:/var/lib/usbmux:/usr/sbin/nologin
29 sshd:x:110:65534::/run/sshd:/usr/sbin/nologin
30 deepin-anything-server:x:999:999::/home/deepin-anything-server:/sbin/nologin
31 nm-openvpn:x:111:117:NetworkManager OpenVPN,,,:/var/lib/openvpn/chroot:/usr/sbin/no
32 nm-openconnect:x:112:118:NetworkManager OpenConnect plugin,,,:/var/lib/NetworkManag
   nologin
33 pulse:x:113:120:PulseAudio daemon,,,:/var/run/pulse:/usr/sbin/nologin
34 hplip:x:114:7:HPLIP system user,,,:/var/run/hplip:/bin/false
35 geoclue:x:115:122::/var/lib/geoclue:/usr/sbin/nologin
36 deepin-user-experience:x:116:123::/var/lib/deepin-user-experience:/usr/sbin/nologi
37 lightdm:x:117:124:Light Display Manager:/var/lib/lightdm:/bin/false
38 deepin-sound-player:x:118:125::/var/lib/deepin-sound-player:/usr/sbin/nologin
39 systemd-coredump:x:998:998:systemd Core Dumper:/:/usr/sbin/nologin
40 qin:x:1000:1000::/home/qin:/bin/bash
41 qin1:x:1001:1001::/home/qin1:/bin/bash
42
```

图 4-2　可视化界面 /etc/passwd 系统文件的内容

可以通过执行如下命令：

```
man usermod
```

来查看 usermod 命令的用法，从而更好地使用 usermod 命令。

举一个使用 usermod 命令的例子。执行如下命令：

```
cat /etc/passwd
```

通过访问系统文件，发现 qin4 的 Shell 是没有注册的。

那么想要使用户 qin4 的 Shell 为 /bin/sh，可以执行如下命令。

```
usermod -s /bin/sh qin4
cat /etc/passwd
```

修改后，再次访问系统文件即可看到下面的结果，这就表示修改成功了。

```
qin4:x:1002:1002::/tmp/qin4:/bin/sh
```

4．检查用户身份

当忘记用户身份时，应该怎么去检查用户身份呢？可以通过如表 4-4 所示的几个命令来检查。

表 4-4　检查用户身份的命令及其作用

命令	作用
who	查询当前在线用户
w	查询当前在线用户的详细信息
group 用户名	查询用户所属的组
id 用户名	显示用户 ID 信息

例如执行如下命令:

```
id qin1
who
w
```

将显示用户 ID 信息、当前在线用户，以及当前在线用户的其他详细信息，具体如下。

```
root@qin:~# id qin1
uid=1001(qin1) gid=1001(qin1) 组 =1001(qin1)
root@qin:~# who
qin       tty1          2021-07-28 16:11 (:0)
root@qin:~# w
 16:51:22 up 40 min,  1 user,  load average: 0.13, 0.12, 0.21
USER      TTY      FROM              LOGIN@   IDLE   JCPU   PCPU WHAT
qin       tty1     :0                16:11   40:16  20.21s  1.04s /usr/bin/startdde
```

4.2 密码管理

了解了用户管理的基本配置以及操作后，接下来介绍密码管理的基本配置以及命令。

4.2.1 用户密码配置文件

早期的密码被放置在用户配置文件 /etc/passwd 的第二个字段上，由于 passwd 文件可被所有的用户读，因此会带来安全隐患。而 shadow 文件就是为了解除这个安全隐患而增加的。首先看一下文件 /etc/shadow 的内容，可执行如下命令:

```
cat /etc/shadow
```

运行结果如下。

```
root:$6$IhhEevjVQT9OQhfT0:18836:0:99999:7:::
daemon:*:18794:0:99999:7:::
……
qin1:$6$t.libGErl/R.CYOa$XGJLDiTE8a0:18836:0:99999:7:::
qin4:!:18836:0:99999:7:::
```

可以看到 /etc/shadow 文件中每一行显示一个用户账号。和 /etc/passwd 一样，shadow 文件的每一行内容，也以“:”作为分隔符，分成 9 个字段，其各个字段的含义如表 4-5 所示。

表 4-5　文件 /etc/shadow 各字段的含义

字段编号	含义
1	账号名称
2	经过哈希加密的密码
3	最近修改密码的时间。从 1970/1/1 到上次修改密码的天数
4	禁止修改密码的天数。从 1970/1/1 开始，多少天之内不能修改密码，默认值为 0

续表

字段编号	含义
5	用户必须更改口令的天数。密码的最长有效天数，默认值为 99999
6	警告更改密码的期限。密码过期之前警告天数，即在用户密码过期前多少天提醒用户更改密码，默认值为 7
7	不活动时间。密码过期之后账户的宽限时间 ，默认值为 3+5，即在用户密码过期之后到禁用账户的天数为 3+5 天
8	账号失效时间。从 1970/1/1 起，到用户被禁用的天数，默认值为空
9	保留字段（未使用），用于标志

4.2.2 统信 UOS 密码管理命令

了解用户密码配置文件 /etc/shadow 的基本信息后，下面来学习用户密码的管理。

1. 用户密码信息设置

当想要查看密码修改的天数，或者是警告更改密码的期限时，如果在 /etc/shadow 文件中寻找，会十分烦琐，所以还需要会使用一个命令 chage。chage 命令可以用来修改或者查看密码修改的天数。

chage 命令的语法格式如下。

```
chage 选项 用户名
```

不同选项的含义不一样。关于 chage 命令可使用的选项及其含义如表 4-6 所示。

表 4-6　chage 命令可使用的选项及其含义

选项	含义
-m	密码可修改的最小天数。为 0 时代表任何时候都可以修改密码
-M	密码保持有效的最大天数
-w	用户密码到期前，提前收到警告信息的天数
-E	账号到期的日期，之后此账号将不可用
-d	上一次修改的日期
-i	停滞时期。如果一个密码已过期指定天数，那么此账号将不可用
-l	列出当前的设置，账号的年龄信息。由非特权用户来确定他们的密码或账号何时过期

表 4-6 是 chage 命令常见的选项，更多 chage 命令用法可以执行如下命令查看。

```
man chage
```

例如想查用户 qin1 账号的年龄信息，执行如下命令：

```
chage -l qin1
```

可看到如下信息。

```
最近一次密码修改时间：7月 28, 2021
密码过期时间：从不
密码失效时间：从不
账户过期时间：从不
两次改变密码之间相距的最小天数：0
两次改变密码之间相距的最大天数：99999
在密码过期之前警告的天数：7
```

2. 修改密码

当管理员添加新用户或者用户忘记密码时，便需要了解统信 UOS 是如何进行密码修改的。一般密码管理使用的是 passwd 命令，其语法格式如下。

```
passwd 选项 登录
```

例如执行如下命令：

```
passwd qin1
```

运行结果如下：

```
新的密码：
重新输入新的密码：
passwd：已成功更新密码
```

输入新的密码后即可更新 qin1 用户的密码。注意，当使用 root 用户修改密码时，无须输入旧密码，而普通用户使用 passwd 命令后需要输入旧密码。

4.3 组管理

当已经学会管理用户以及密码后，就要开始学习管理更大的范围——组。组在命令和配置上和用户类似，可以被看成一个更大的用户。用户组可以在很大程度上帮助更好地管理用户，协助开发。

4.3.1 用户组与配置文件

先来了解用户组的一些简单概念。用一个简单的类比来说明：用户组相当于公司的部门，包含许多用户，每一个用户都属于其中一个部门，每一个不同部门的用户拥有不同的权限。可以用 3 句话来概述用户组的基本特征，即

- 每个用户都至少属于一个用户组。
- 每个用户组可以包括多个用户。
- 同一用户组的用户享有该组共有的权限。

系统 /etc/group 文件是用户组的配置文件，其中包括用户与用户组，并且能显示用户归属哪个用户组，因为一个用户可以归属一个或多个不同的用户组；同一用户组的用户之间具有相似的特性。如果某个用户有对系统管理最重要的内容，最好让该用户拥有独立的

用户组，或者把用户的文件权限设置为完全私有。另外，root 用户组一般不要轻易加入普通用户。

执行如下命令：

```
cat /etc/group
```

运行结果如下。

```
root:x:0:
daemon:x:1:
……
qin:x:1000:
qin1:x:1001:
qin4:x:1002:
```

通过上述字符，可看到 /etc/group 配置文件有许多行，每一行代表一个组，每行中又通过“:”分隔符分成 3 个字段，每个字段的含义如表 4-7 所示。

表 4-7　/etc/group 配置文件字段含义

字段编号	含义
1	组名，对应 GID
2	组的密码
3	GID，组的编号

4.3.2 统信 UOS 组管理命令

了解组的概念以及基本配置信息之后，便可以开始学习组的管理命令了。

1. 添加用户组

添加用户组，一般会使用 groupadd 这个命令，其语法格式如下。

```
groupadd 选项 用户组
```

使用不同的选项，命令会产生不一样的效果。groupadd 命令可使用的选项及其作用如表 4-8 所示。

表 4-8　groupadd 命令可使用的选项及其作用

选项	作用
无	添加一个新组
-g	指定新用户组的编号（GID）
-o	一般与 -g 选项同时使用，表示新用户组的 GID 可以与系统已有用户组的 GID 相同

例如先添加两个组，一个组为 caiwubu，另一个组为 xiaoshoubu，可以直接使用如下命令。

```
groupadd xiaoshoubu
```

```
groupadd caiwubu
cat /etc/group
```

可以通过 /etc/group 文件看到多出如下的两个组。

```
xiaoshoubu:x:1003:
caiwubu:x:1004:
```

有的时候想要添加一个新用户 xiaoshou1 到 users 组（100），可以使用如下命令。

```
useradd -N xiaoshou1
```

最后的结果可以通过 id 命令查看，具体结果如下。

```
uid=1003(xiaoshou1) gid=100(users) 组 =100(users)
```

如果不仅想将 xiaoshou1 用户添加到 users 组，还想加到其他组里呢？可以使用如下命令。

```
usermod -G xiaoshoubu xiaoshou1
```

通过如下结果，可看到 xiaoshou1 同时在 users 组与 xiaoshoubu 组。

```
uid=1003(xiaoshou1) gid=100(users) 组 =100(users),1003(xiaoshoubu)
```

如果想要 xiaoshou1 用户只在 xiaoshoubu 这个组里，可以使用以下命令。

```
usermod -G xiaoshoubu xiaoshou1
```

读者可自行用 id 命令查看是不是达到了目的。

2. 管理组

想要添加组成员或者删除组成员的时候，除了用 useradd、usermod 等命令，还可以使用 gpasswd 命令。该命令可以给用户组设置密码。其语法格式如下。

```
gpasswd 选项 用户组
```

gpasswd 命令可使用的选项及其作用如表 4-9 所示。

表 4-9　gpasswd 命令可使用的选项及其作用

选项	作用
-A	定义组管理员列表
-a	添加组成员，每次只能加一个
-d	删除组成员，每次只能删一个
-M	定义组成员列表，可设置多个，用“,”分开。定义的组成员必须是已存在的用户
-r	移除密码

读者可自行巩固该命令的使用方法。

3. 删除一个已有的用户组

可通过 groupdel 命令删除一个已有的用户组，但是删除用户组之前必须把该用户组里的所有用户移出。移出用户可以使用 gpasswd、usermod -g 或者 userdel 命令，读者可按需使用相应命令。groupdel 命令的语法格式如下。

```
groupdel 用户组
```

4. 修改用户组的属性

如果想要修改原来用户组的 GID 或者名字，可使用 groupmod 命令。其语法格式如下。

```
groupmod 选项 用户组
```

groupmod 命令可使用的选项及其效果如表 4-10 所示。

表 4-10 groupmod 命令可使用的选项及其作用

选项	作用
-g	为用户组指定新的 GID
-O	与 -g 选项同时使用，用户组的新 GID 可以与系统已有用户组的 GID 相同
-n	修改用户组的名字

第 05 章

文件属性与权限

计算机文件是以计算机硬盘为载体存储在计算机上的信息集合。在操作系统中操作的所有东西其实都是文件，包括目录。因此，对系统的管理就是对文件的管理。

5.1 文件类型查看

使用过 Windows 系统的用户很容易理解文件类型有很多种，例如 .txt 类型的文本文件、.mp4 类型的视频格式文件等，从 Windows 系统的图形界面可以很直观地查看文件的类型。那么在统信 UOS 中，该怎么查看文件类型，又该怎么判断文件属于什么类型呢？

查看文件的详细信息，其命令语法格式如下。

```
ls -l 路径
```

执行该命令后，可以看到如下字符。

```
-rw-r--r--   1  qin  qin  5028  7月 28 15:55  dde-trash.desktop
-rw-r--r--   1  root  root    0  7月 28 19:11  qinfile
drwxr-xr-x  2  qin  qin  4096  7月 28 19:00  qin
```

通过观察发现，每行信息都有 7 列，每列代表的含义如表 5-1 所示。

表 5-1　文件详细信息列的含义

列号	含义
1	文件类型、文件权限
2	硬链接数
3	文件属主
4	文件属组
5	文件大小
6	改动时间
7	文件名

如果想知道文件类型，那么应该查看的是第一列的字符，接下来学习如何了解文件类型。可看到其中第一行的第一列是 -rw-r--r-- ，共有 10 个字符。根据表 5-1 可知，第一列的含义为文件类型与文件权限，这 10 个字符中，第一个字符表示文件类型，不同字符的含义如表 5-2 所示。

表 5-2　文件类型的不同字符的含义

字符	含义
-	一般文件
d	目录
l	软链接
p	进程间相互通信的文件。统信 UOS 拥有一些机制来允许进程间互相通信，这些机制称为进程间通信机制，管道（pipe）、命名管道（named PIPE）、共享缓冲区、信号量、Sockets 信号等都是进程间常用通信机制，管道用于父进程和子进程之间通信

续表

字符	含义
s	通信套接字（socket）文件（通常用于网络数据连接）
c	字符设备文件（如键盘、鼠标、终端等，通常放在 /dev 下）
b	块设备文件（存储数据设备文件，如硬盘）

除此之外，还可以通过 stat 命令查看指定文件的详细信息、更改时间等。

```
stat 文件路径                                    #查看文件详细信息、更改时间等
```

例如，输入如下命令：

```
stat  /home/qin/Desktop/qinfile
```

所得的结果如下。

```
大小: 0              块: 0             IO 块: 4096    普通空文件
设备: 807h/2055d       Inode: 262303       硬链接: 1
权限: (0644/-rw-r--r--)  Uid: (    0/    root)   Gid: (    0/    root)
最近访问: 2021-07-28 19:11:23.083582583 +0800
最近更改: 2021-07-28 19:11:23.079582523 +0800
最近改动: 2021-07-28 19:11:23.079582523 +0800
创建时间: -
```

我们在创建文件时会发现，当文件名中出现“\”这个字符时，文件名经常会改变；或者当文件名前面出现“.”时，新建的文件会被隐藏。接下来介绍有关隐藏文件与转义符的内容。

例如，执行如下命令。

```
touch /home/qin/Desktop/.UOS                     #创建隐藏文件，以“.”开头的文件为隐藏文件
```

此时在桌面上无法看到该文件，因为这个文件被隐藏了。可以通过如下命令来查看该隐藏文件：

```
ls -la /home/qin/Desktop/.UOS -a                 #显示所有子目录和文件信息，包括隐藏文件
```

输出结果如下。

```
rw-r--r-- 1 root root 0 7月  28 21:18 /home/qin/Desktop/.UOS
```

关于转义符“\”，当执行如下命令时：

```
touch /home/qin/Desktop/fi\\e                    #“\”为转义符
```

可以看到桌面上出现了一个文件夹，文件夹名字为 fi\e。之所以会出现这种情况是因为第一个“\”的目的是转义，它将“\”后面的字符转换成实际字符。因为 \e 不对应特殊含义，转义成 \e 不变，所以就出现 fi\e 这个文件夹。

如果想要直接创建 fi\\e 而不使用“\”进行转义，就可以通过在文件名两边加单引号来创建文件，如下面的命令。

```
touch /home/qin/Desktop/'fi\\e'                  #单引号表示其内的字符串没有其他含义
```

查看桌面，可以看到创建了一个文件名为 fi\\e 的文件。

> **注意** 创建文件时，文件名中不能包括统信 UOS 规定的特殊字符，如“\”“/”等（如果在文件中要使用这些特殊符号，可通过转义符“\”将其转义）。

5.2 文件权限

从 5.1 节可以了解到，通过 ls -l 命令可查看文件信息，其中第一列代表文件类型与文件权限，文件类型是由 10 个字符中第一个字符来决定的。本节介绍如何查看和更改文件权限。

5.2.1 文件权限的查看

以 -rw-r--r-- 为例，后 9 个字符表示文件权限，但需要分为 3 个一组来看：第一组是 rw-，第二组是 r--，第三组是 r--。

文件权限每一组的含义如表 5-3 所示。

表 5-3 文件权限每一组的含义

组数	含义
1	属主的权限
2	所属组的权限（相同权限的人放在一起就是一组）
3	其他人的权限

通过表 5-1 可知，文件的所属主与所属组信息可从第三列和第四列得到。

用简洁的语言描述属主与属组的含义如下。

- 属主：拥有该文件的用户账号。
- 属组：拥有该文件的组账号。

了解文件权限后 9 个字符的含义之后，还可以观察到，它们是由 4 种字符组成的，每一种字符的含义如表 5-4 所示。

表 5-4 文件权限每一种字符的含义

字符	含义
r	可读 r（Read）：允许查看文件内容，使用数字 4 表示
w	可写 w（Write）：允许修改文件内容，使用数字 2 表示
x	可执行 x（eXecute）：允许运行程序，使用数字 1 表示
-	无权限 -：使用数字 0 表示

文件权限也可以用数字来表示，例如，drwxr-xr-x 表示权限为 755 的目录，-rw-r--r-- 表示权限为 644 的文件。其中 d 表示目录；rwx 表示可读、可写和可执行权限，即 4+2+1=7；r-x 表示可读和可执行权限，即 4+1=5。

5.2.2 更改文件权限

更改文件权限最常用的命令是 chmod，其可设置文件或目录的权限以及文件的归属。该命令格式有如下两种。

```
chmod -R 选项 (ugoa) 选项 (+-=) 选项 (rwx) 参数
chmod -R 选项 (nnn) 参数
```

chmod 命令可使用的选项及其含义如表 5-5 所示。

表 5-5 chmod 命令可使用的选项及其含义

选项	含义
-R	以递归的方式设置目录及目录下的所有子目录及文件的权限
u	属主
g	属组
o	其他人
a	所有人
+	添加
-	删除
=	重置
nnn	数字权限，如 777、666 等。字符含义可查看表 5-4，3 个为一组

例如，执行如下命令：

```
touch 1234
ls -l 1234
chmod u+x 1234                                    #属主加可执行权限
ls -l 1234
```

通过如下结果，可看到文件的权限发生了变化。

```
-rw-r--r-- 1 root root 0 7月  28 22:20 1234       #变化前
-rwxr--r-- 1 root root 0 7月  28 22:20 1234       #变化后
```

或者执行如下命令。

```
chmod g=rwx 1234                   #重置属组权限为可读、可写、可执行
chmod o+rwx 1234                   #给除了属主属组的其他用户增加可读、可写、可执行权限
```

运行结果读者可以自行验证。最常使用的还是 nnn 选项，例如，执行如下命令。

```
chmod 755 1234                     #将文件改为 755 权限
ls -l 1234
```

根据 5.2.1 小节，可以知道 755 权限即 rwxr-xr-x，可通过 ls 命令得到如下结果来验证。

```
-rwxr-xr-x 1 root root 0 7月  28 22:20 1234
```

5.2.3 更改文件属主

5.2.2 小节介绍了 chmod 命令可以设置文件或目录的权限以及文件的归属，本小节就

来讲解如何用 chown 命令更改文件的归属。

chown 命令用来更改文件归属的语法格式有如下两种。

```
chown 属主 : 属组 文件名
chown 属主 . 属组 文件名
```

执行如下命令。

```
groupadd pxb                          # 创建组 pxb
useradd -m -g pxb UOS1                # 创建用户 UOS1 并指定它的组
useradd -m -g pxb UOS2
echo 12345678 > /test                 # 创建一个文件并写入
chown UOS1:pxb /test                  # 更改属主属组
chmod 640 /test                       # 权限修改为 640"rw-r-----"
ls -l /test                           # 查看 /test 文件信息
```

以上命令首先创建组 pxb，然后新建两个用户，分别为 UOS1、UOS2，两个用户在同一组 pxb，其中 UOS1 拥有可读、可写权限，组拥有可读权限，其他人没有权限。通过 ls 命令验证该文件结果如下。

```
-rw-r----- 1 UOS1 pxb 9 7月  29 00:16 /test
```

然后依次通过用户 UOS1 和 UOS2 以及组外用户 UOS3 登录来验证。

```
su - UOS1                             # 切换到 UOS1 用户
cat /test                             # 可读
echo 123 >> /test                     # 可写
su - UOS2                             # 切换到 UOS2 用户
cat /test                             # 可读
echo 123 >> /test                     # 不可写
useradd m UOS3                        # 创建 UOS3
su - UOS3                             # 切换用户
cat /test                             # 不可读
echo 456 >> /test                     # 不可写
```

5.3 文件或目录的隐藏权限

前面介绍了如何管理统信 UOS 中的文件和目录，以及设置文件的权限。除了文件的可读、可写和可执行权限之外，统信 UOS 还有一种隐藏权限。设置隐藏权限可以防止一些用户，甚至是管理员的误操作或者恶意操作。

5.3.1 查看文件或目录的隐藏权限

通过 lsattr 命令可以查看文件或目录的隐藏权限，其语法格式如下。

```
lsattr 文件 / 目录
```

下面的命令先创建一个文件 UOSfile，然后用 lsattr 命令查看。

```
touch UOSfile
lsattr UOSfile
```

可以看到如下结果。

```
--------------e----  UOSfile
```

结果中有一段代码“--------------e----”，里面的“-”共有18个，这就是隐藏权限。其实，除了“-”和“e”（e代表ext系统下的可执行文件），还有其他隐藏权限相关的字符，比如“i”“s”等。使用lsattr命令可查询隐藏权限相关字符及其含义，如表5-6所示。

表5-6 隐藏权限相关字符及其含义

字符	含义
A	Atime，告诉系统不要修改这个文件的最后访问时间
S	Sync，一旦应用程序对这个文件执行了写操作，系统立刻把修改的结果写到硬盘
a	Append Only，系统只允许在这个文件之后追加数据，不允许任何进程覆盖或截断这个文件。如果目录具有这个属性，系统将只允许在这个目录下建立和修改文件，而不允许删除任何文件
d	dump，当dump程序执行时，该文件或目录不会被dump备份
i	Immutable，系统不允许对这个文件进行任何修改。如果目录具有这个属性，那么所有进程只能修改目录之下的文件，不允许建立和删除文件。管理员用户也不行
s	彻底删除文件，不可恢复，因为是从硬盘上删除，然后用0填充文件所在区域
u	当一个应用程序请求删除这个文件时，系统会保留其数据块以便以后能够恢复这个文件，用来防止意外删除文件或目录

其中，“i”“a”“s”“u”这4个权限是经常会使用的。特别说明的是，只要文件夹或目录有“i”权限，那么管理员也无法删除或修改。

5.3.2 设置文件或目录的隐藏权限

接下来介绍用chattr命令来设置文件或目录的隐藏权限。chattr命令只有root用户可以使用，其语法格式如下。

```
chattr 选项 (+-=) 属性 文件/目录名
```

chattr命令可使用的不同选项及其作用如表5-7所示。

表5-7 chattr命令可使用的不同选项及其作用

选项	作用
+	在原有参数设定基础上，追加参数
-	在原有参数设定基础上，移除参数
=	更新为指定参数设定

下面通过例子来说明。前面已经创建了一个名为UOSfile的文件，执行如下命令。

```
chattr +i UOSfile                          #不能修改，不能删除
```

```
lsattr UOSfile
echo 123 > >UOSfile                                   #试图追加字符
rm UOSfile                                            #在 root 管理员身份下也无法删除
```

得到如下结果，可以看到文件 UOSfile 多了属性“i”，故管理员也无法修改或删除文件，符合属性含义。

```
----i---------e----  UOSfile
rm: 无法删除 'UOSfile': 不允许的操作
```

继续测试，执行如下命令。

```
chattr -i +a UOSfile
lsattr UOSfile
echo 123 >UOSfile                                     #重置文件内容
echo 123 >> UOSfile                                   #只能追加，不能删除
```

得到如下结果，可以看到，文件 UOSfile 的属性发生了变化，而且当执行 echo 123> UOSfile 时，结果显示无法操作。

```
-----a--------e----  UOSfile
-bash: UOSfile: 不允许的操作
```

而执行 echo 123 >> UOSfile 却可以，符合追加属性“a”的含义。

5.4 文件访问控制列表与链接

随着应用的发展，简单、基础的文件系统权限控制策略无法满足和适应越来越复杂的需求，这时各种特殊的访问控制权限设置策略应运而生。

5.4.1 文件访问控制列表

文件访问控制列表（Access Control List，ACL）可以为某个文件单独设置具体的某用户或组的权限，从而满足更复杂的权限控制需求。可通过 getfacl 命令获取文件 ACL，通过 setfacl 命令设定文件 ACL，命令语法格式分别如下。

```
getfacl 文件名 #用来获取文件的访问控制信息
setfacl 选项 文件名
```

setfacl 命令常用选项及其作用如表 5-8 所示。

表 5-8 setfacl 命令常用选项及其作用

选项	作用
-m	修改文件 ACL
-x	取消用户或组队文件的权限
-b	删除所有扩展的 ACL
-k	删除所有默认的 ACL
-d	修改默认的 ACL

续表

选项	作用
-P	跳过符号链接
-L	跟踪符号链接

具体实例如下。

```
setfacl -m u:用户名:权限 文件名 #设置某用户的访问权限
setfacl -m g:组名:权限 文件名 #设置某个组的访问权限
setfacl -x u:用户名 文件名 #取消某用户的访问权限
setfacl -x u:组名 文件名 #取消某个组的访问权限
```

下面通过一些实例进一步说明。

```
touch /var/log/UOS.log
getfacl /var/log/UOS.log                          #查看权限控制信息
su - UOS
vim /var/log/UOS.log                              #不能修改

setfacl -m u:UOS:rwx /var/log/UOS.log             #给UOS用户增加权限
su - UOS
vim /var/log/UOS.log                              #可以进行修改

setfacl -x u:UOS /var/log/UOS.log                 #取消UOS用户的权限
su - UOS
vim /var/log/UOS.log                              #不能修改
```

5.4.2 软链接与硬链接

ln 命令用于给一个文件在另一个位置创建一个链接。通过与文件同步的链接可以在不同目录下访问该文件，而不用在每个目录下创建相同的文件，从而减少硬盘的占用量。链接分为软链接（符号链接）和硬链接。

1. 软链接

软链接类似于 Windows 操作系统中的快捷方式，为源文件创建了一个新的指针，当对其进行操作时，系统会找到指针指向的源文件并进行操作。所以软链接以路径的形式存在。

需要注意的是，软链接可与不同的文件系统进行链接，但是硬链接不可以。软链接可以与目录进行链接，甚至可以与一个不存在的文件名进行链接。

其语法格式如下。

```
ln -s 源文件 新建链接名
```

2. 硬链接

硬链接文件完全等同于源文件。源文件和链接文件都指向相同的物理地址，硬链接虽然是以副本的形式存在，但是文件在硬盘中的数据是唯一的，所以并不占用实际的内存空间。由于只有当删除文件的最后一个节点时，文件才会被真正从硬盘空间中消除，因此可以防止不必要的误删除。

注意 不允许给目录创建硬链接，并且只能在源文件所在的文件系统中创建硬链接。硬链接虽然不占用硬盘空间，但是占用 inode。在统信 UOS 中，一切都是文件，包括目录和命令，inode 就是帮助统信 UOS 快速定位到指定文件的特殊文件。其语法格式如下。

```
ln 源文件 新建链接名
```

链接的常用选项及其作用如表 5-9 所示。

表 5-9 链接的常用选项及其作用

选项	作用
-b	删除，覆盖之前建立的链接
-s	创建软链接
-v	显示详细处理过程

下面通过一些实例来说明。

```
touch UOSfile
cp UOSfile UOSfile1                    #复制文件
ln -s UOSfile UOSfile2                 #为文件建立软链接
ln UOSfile UOSfile3                    #为文件建立硬链接
```

第 06 章

目录管理

统信 UOS 的目录不同于其他操作系统，如 Windows 系统是通过分区（如 C 盘、D 盘）来实现目录的管理，统信 UOS 以树形目录结构进行管理。这种树形目录结构可提高文件的检索速度，并且能够对文件的访问、存储、提取等操作设置权限。

6.1 目录结构

统信 UOS 的目录结构类似于一棵倒置的树，顶端目录为根目录“/”，从根目录往下延伸出若干子目录，如图 6-1 所示。在 Windows 系统的目录结构中，划分出多少个分区就会生成多少个根，但是在统信 UOS 中不管分区有多少，都只会有一个根目录。

```
oot@yanght-PC:/# tree -L 1 -d
├── bin -> usr/bin
├── boot
├── data
├── dev
├── etc
├── gitlabdata
├── home
├── lib -> usr/lib
├── lib32 -> usr/lib32
├── lib64 -> usr/lib64
├── libx32 -> usr/libx32
├── lost+found
├── media
├── mnt
├── nonexistent
├── opt
├── proc
├── recovery
├── recovery_live
├── root
├── run
├── sbin -> usr/sbin
├── srv
├── sys
├── tmp
├── usr
└── var

27 directories
```

图 6-1 目录结构

统信 UOS 的常见目录以及保存的文件如下。

- /bin：存储常用的用户命令对应的可执行文件。
- /usr：存储系统应用程序。
- /boot：存储系统启动、引导时使用的各种文件。
- /dev：存储系统设备文件。
- /etc：存储系统、服务主要的配置目录与文件。
- /home：存储普通用户的主目录。
- /lib：存储系统库文件，如内核模块、共享库等。
- /tmp：存储临时文件的目录。

统信 UOS 将目录的文件类型表示为“d”，即目录也是一种特殊的文件——目录文件，目录文件可以包含下一级目录文件或者普通文件。目录文件的可读（r）、可写（w）、可执行（x）权限与普通文件略有不同，具体如下。

- 可读：对文件而言，表示该用户具有读取文件内容的权限；对目录而言，表示该用户具有浏览目录的权限。
- 可写：对文件而言，表示该用户具有新增、修改、删除文件内容的权限；对目录而言，表示该用户具有新建、删除、修改、移动目录内文件的权限。
- 可执行：对文件而言，表示该用户具有执行文件的权限；对目录而言，表示该用户具有进入目录的权限。

6.2 强制位 u+s

统信 UOS 对于程序以及文件的管理常用读、写、执行等基础配置，但仍有一些权限需要进行细分，因此出现了强制位以及冒险位。set uid 通过对文件设置 UID，能使非文件所有者或文件的属组具有该文件所有者的执行权限。如果一般用户执行该文件，那么在执行过程中，该文件可以获得 root 权限。

例如，在默认情况下 ping 命令是所有用户都能够使用的，但是当用户要查看 ping 命令所在文件时，会发现文件的属主和属组都是 root。如果按照一般的权限规则来说，其他用户和用户组都没有权限使用这个 ping 命令，但是有了强制位，其他用户和用户组就能够使用该命令。对一个文件设置强制位之后，可使没有执行该文件权限的用户和用户组能够执行该文件。

使用强制位 u+s 的语法格式如下。

```
chmod u+s 文件名                                    # 对文件设置强制位
chmod u-s 文件名                                    # 对文件取消强制位
```

下面对强制位 u+s 命令进行进一步说明。

```
su - UOS1                                          # 切换到普通用户环境
touch /root/file                                   # 权限禁止
chmod u+s /usr/bin/touch                           # 给该文件设置强制位后就可以用 root 身份执行
touch /root/file                                   # 再次使用该命令，权限允许
```

返回 root 用户，用如下代码查看设置强制位前后 touch 文件权限属性的变化。

```
ls -l /usr/bin/touch
```

设置强制位前的输出结果如下。

```
-rwxr-xr-x 1 root root 97152 7月     4 00:56 /usr/bin/touch
```

设置强制位后的输出结果如下。

```
-rwsr-xr-x 1 root root 97152 7月     4 00:56 /usr/bin/touch
```

不难发现，在文件类型中的“x”变成“s”，表示该文件设置了强制位。

6.3 强制位 g+s

set gid 只对目录有效，目录被设置强制位之后，任何用户在此目录下创建的文件都具有和该目录的属组相同的组。

在默认情况下，用户 A 在属组 B 的目录下创建一个目录或文件，新建的目录或文件的属主和属组都是用户 A；给该目录设置 GID 之后，用户 A 新建的目录或文件的属主是 A，但是属组为 B。

使用强制位 g+s 的语法格式如下。

```
chmod g+s 目录名                                    # 对目录组设置 GID
chmod g-s 目录名                                    # 对目录组取消 GID
```

强制位 g+s 命令实例如下。

```
mkdir UOS1
chown :UOS /UOS1/                                  # 创建目录 /UOS1，并设置所属组为 UOS
touch /UOS1/test1                                  # 新创建文件，此时其属组是创建者
chmod g+s /root/UOS1/                              # 为目录组添加强制位
touch /UOS1/test2                                  # 此时新建文件会自动继承此前目录的属组
```

通过下面命令查看以上命令添加强制位前后的文件属性变化。

```
ls -l /UOS1/
```

添加强制位前的输出结果如下。

```
-rw-r--r-- 1 root root 0 7月16 11:24 test1
```

添加强制位后的输出结果如下。

```
-rw-r--r-- 1 root UOS 0 7月16 11:24 test1
```

通过强制位 g+s 可以锁定一个文件或者目录归属的组，保证在该组下创建的任何文件或目录的属组都会跟随这个组。

6.4 冒险位 o+t

当很多用户在某一个公共文件夹中时，对于每个用户在此文件夹中创建的内容不好限制，用户之间也有权限访问甚至删除其他用户的文件，这会产生十分严重的后果。

使用冒险位（或粘制位）可以有效避免以上情况，普通文件的冒险位会被统信 UOS 内核忽略；目录的冒险位表示该目录里的文件只能被属主和 root 用户删除。也就是说，给公共文件夹设置了 o+t，在公共文件夹里的其他用户就不能互相删除文件了，只能操作自己的文件。冒险位也只针对目录生效。

使用 o+t 的语法格式如下。

```
chmod o+t 目录名                                # 对目录组设置冒险位
chmod o-t 目录名                                # 对目录组取消冒险位
```

冒险位 o+t 命令实例如下。

```
useradd -m -s /bin/bash UOS1                    # 新建用户 UOS1
mkdir /test                                     # 新建目录 test
chmod  o=rwx /test/
touch /test/UOS1
su - UOS1
rm /test/UOS1                # 切换到 UOS1 用户上，并删除之前用户创建的文件 UOS1，发现可以删除
exit                         # 注销 UOS1 用户
chmod o+t /test/             # 给该目录添加冒险位
touch /test/UOS2             # 再新建一个文件 UOS2
su - UOS1
rm /test/UOS2                # 再一次用 UOS1 用户删除上一个用户生成的文件，发现不能删除
rm: 无法删除 '/test/UOS1': 不允许的操作          # 加上 t 权限之后就不可以删除其他人的文件
```

返回 root 用户，用如下代码查看设置冒险位前后 touch 文件权限属性的变化。

```
ls -l /test/
```

设置冒险位前的输出结果如下。

```
drwxr-xrwx 2 root root 4096 4月    16 11:31 /test/
```

设置冒险位后的输出结果如下。

```
drwxr-xrwt 2 root root 4096 4月    16 11:31 /test/
```

发现“x”变成了“t”，表示该目录设置了冒险位。

6.5 umask：控制新建文件或目录的权限

根据第 5 章知道，文件的权限有可读（4）、可写（2）、可执行（1），通过 chmod 命令可以设置文件或目录的权限。umask 和 chmod 配套使用，一共有 4 位（UID/GID、属

主、属组、其他用户权限），一般情况用到的都是后 3 位。

umask 值与目录权限值和文件权限值有对应关系，如表 6-1 所示。

表 6-1　umask 值与目录权限值和文件权限值的对应关系

umask 值	目录权限值	文件权限值
0	7	6
1	6	6
2	5	4
3	4	4
4	3	2
5	2	2
6	1	0
7	0	0

例如，umask 值为 0000，则目录权限值为 777，文件权限值为 666；umask 值为 0022，则目录权限值为 755，文件权限值为 644。

在默认情况下，umask 值是 0022（输入 umask 并按 Enter 键就可以查看 umask 值），此时新建文件的默认权限值就是 644，新建目录的权限值就是 755。umask 值的作用就是控制新建文件或目录的默认权限值。

更改 umask 的默认权限值也十分简单，语法格式如下。

```
umask nnnn                                  #将默认权限设置为 nnnn，其中 nnnn 表示数字
```

例如，umask 0027 就是将 umask 值修改为 0027，之后新建文件的默认权限值为 640，目录权限值为 750，可以用 ls -l 命令查看。

第 07 章

系统交互工具与 Vim 编辑器

在统信 UOS 中，很多时候需要进行信息的交互，比如管理员通知用户系统即将进行维护，提醒用户保存好数据以防丢失；或者用户 B 完成了一个任务，需要向用户 A 发送任务完成的信号。统信 UOS 提供了一些工具，用于用户之间的交互，以及方便管理员进行广播。

7.1 常用的交互工具

为了方便用户终端彼此的交互，统信 UOS 提供了一些常用的交互工具。

7.1.1 创建两个用户

在实现用户之间的信息交互之前，需要创建两个用户，这里准备了 root 用户（超级用户）和 user_first 用户（普通用户）。root 用户相当于管理员，拥有很大权限，无需创建就已经存在，而 user_first 用户则需要人为地去创建。

打开统信 UOS 终端，执行如下命令。

```
# useradd -m -c only_communicate user_first
# passwd user_first
123
passwd：所有的身份验证令牌已经成功更新。
```

为了检验用户是否创建成功，通常使用如下命令。

```
# cat /etc/passwd
```

发现在显示的列表最后有：

```
user_first:x:1001:1001:only_communicate:/home/user_first:/bin/bash
```

则表示创建成功，可以开始进行信息传输了。

7.1.2 使用 write 进行信息传输

接下来在 root 用户与 user_first 用户之间进行信息传输。此处使用 write 命令进行信息传输，打开终端并执行如下命令。

```
# write 用户名
```

此处用户名是指接收信息的用户的名称。write 命令的使用前提条件如下：

- 所有通信用户必须都登录在本服务器上；
- 如果信息接收用户当前不在线，那么信息是发送不出去的。

> 注意　可通过命令 w 来查看当前有哪些在线用户。

write 命令进一步说明如下。

- 该命令所在路径：/usr/bin/write。
- 执行权限：所有用户。
- 功能描述：给在线用户发信息，按 Ctrl+D 保存并结束。

下面通过实例说明，root 用户首先在终端中执行如下命令。

```
# write user_first
Hello
```

user_first 用户如果已登录在服务器上，就会收到如下信息。

```
$
Message from root@localhost.localdomain on pts/0 at 21:13.. .
Hello
```

两个用户之间互相使用 write 进行交互的过程类似于早期的 QQ。

进入 write 后，通过按 Enter 键完成一段数据的发送，发送数据完成后，通过按 Ctrl+D 来结束己方的数据发送。但结束之后，在设置 mesg 为 yes 的时候，仍能收到其他用户的数据（在 7.1.4 小节进行详细说明）。

但是，作为一名管理员，如果将对服务器进行重启，那么需要告知登录服务器的用户服务器将在 5 分钟后重启，并提醒用户保存数据，因此管理员需要进行信息的传输。但显而易见的是，使用 write 并不现实，管理员不可能使用 write 来告知所有的用户（特别是当用户较多的时候），而且管理员使用 write 发送完数据，时间肯定不止 5 分钟，这时候就需要别的工具了。

统信 UOS 和其他类 UNIX 操作系统已经提供了一种简单的方法来代替 write，即 wall 命令。

7.1.3 使用 wall 进行广播

wall 命令就像一封有力的电报，向所有终端用户传递一条消息，并将该消息转储。用户不会错过此消息，这个消息一定会传到用户的屏幕里，不需要用户选择打开应用程序来查看他们是否有消息等待接收。

wall 命令会将信息传给每一个 mesg 设定为 yes 的在线使用者（如果是管理员，即使将 mesg 设置为 n 时也会接收到）。当使用终端机界面作为标准传入时，信息结束时需加上 EOF（通常用 Ctrl+D）。

使用广播的命令如下（在终端界面下）。

```
# wall 信息
```

该命令的使用权限是所有使用者。

下面通过实例说明，传输信息“hi”给每一个使用者，在终端执行如下命令。

```
# wall hi
```

命令执行后，如出现如下字符：

```
# wall hi
Broadcast message from root@localhost.localdomain (pts/0) (Sat Jul 24 22:06:03
2021):
hi
```

则说明广播成功。这个时候在终端界面上的显示结果如下。

```
$
Message from root@localhost.localdomain on (pts/0) (Sat Jul 24 22: 14:21 2021):
hi
```

7.1.4 设置 mesg 对交流进行限制

mesg 命令用于设置终端机的写入权限。将 mesg 设置为 y 时，其他用户可利用 write 命令将信息直接显示在屏幕上，设置为 n 时则不能。

mesg 命令语法格式如下。

```
# mesg ny
```

对管理员而言：

（1）mesg 命令用于设置终端机的写入权限；

（2）将 mesg 设置为 y 时，其他用户可利用 write 命令将信息直接显示在当前用户屏幕上；

（3）当 mesg 设置为 n 时，其他用户不能使用 write 命令和 wall 命令来将信息发送至管理员的屏幕上。

对用户而言：

（1）mesg 命令只能用于对用户之间的交流进行限制；

（2）将 mesg 设置为 y 时，其他用户可利用 write 命令将信息直接显示在当前用户屏幕上；

（3）当 mesg 设置为 n 时，其他用户不能使用 write 命令和 wall 命令来将信息发送至该用户的屏幕上。（管理员除外）

在终端执行如下命令。

```
# mesg y
```

在用户端执行如下命令。

```
# write root
Hello
EOF
```

可在终端成功看到用户端发送的如下消息。

```
Message from user_first@localhost.localdomain on tty2 at 22:40…
Hello
EOF
```

7.2 Vim 编辑器

vi 编辑器是所有 UNIX 和 Linux 系统下标准的编辑器，相当于 Windows 的记事本，工作模式为字符模式，由于不需要图形界面，因此效率高。Vim 是 vi 编辑器的升级版本，除了兼容 vi 的所有命令以外，还添加了许多重要的特性，例如支持正则搜索、语法高亮、对 C 语言的自动缩进等。

vi/Vim 基本上共分为 3 种模式，分别是命令模式（Command Mode）、输入模式（Insert Mode）和底线命令模式（Last line Mode），下面分别对这 3 种模式进行说明。

7.2.1 Vim 基本模式

在终端输入 Vim 命令和要编辑的文件名就可以启动 Vim 编辑器。如果在启动 Vim 时未指定文件名，或这个文件不存在，Vim 会开辟一段新的缓冲区来编辑。

启动 Vim 编辑器的命令如下（其中文件名可以修改）。

```
# vim 文件名
```

1. 命令模式

默认进入命令模式（或称为一般模式），在此模式下，Vim 编辑器会将按键解释成命令（这也是 Vim 特殊的地方，很多人没有使用过 Vim，刚开始使用时会不适应，这需要长期的练习）。

2. 输入模式

在命令模式下输入 i 可进入输入模式（或称为插入模式）。事实上，输入 a 或者 o 也可进入输入模式。在输入模式下，Vim 会将在光标位置输入的每个键都插入缓冲区，也就是直接输入文本中，并在屏幕上显示出来。

在输入模式下，可以使用的按键及其功能如表 7-1 所示。

表 7-1　输入模式下可使用的按键及其功能

按键	功能
Enter	换行
Back Space	退格键，删除光标前一个字符
Del	删除键，删除光标后一个字符
方向键（上、下、左、右）	在文本中移动光标
Home/End	移动光标到行首 / 行尾
Page Up/Page Down	上 / 下翻页
Insert	切换光标为输入 / 替换模式，光标将变成竖线 / 下划线
Esc	退出输入模式，切换到命令模式

3. 底线命令模式

在命令模式下按下 “:”（英文冒号）就可进入底线命令模式。在底线命令模式下，基本的命令及其功能如表 7-2 所示。

表 7-2　底线命令模式的基本命令及其功能

命令	功能
q !	强制退出程序并且不保存
wq	保存文件并且退出

可以将这 3 种模式看成一个三角形的关系，如图 7-1 所示。

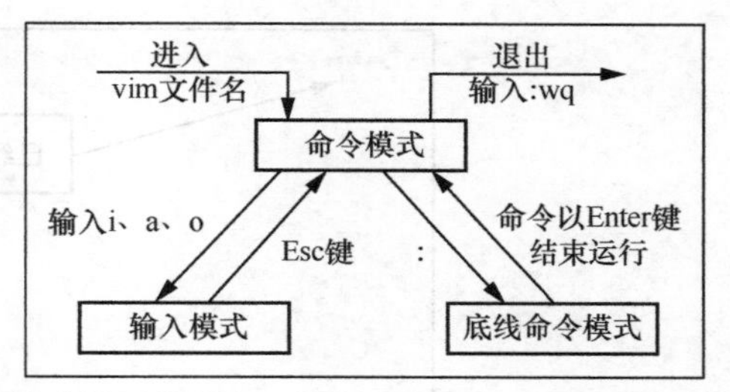

图 7-1 3 种模式转换

下面通过 vi/Vim 使用实例进一步说明，在终端中执行如下命令进入命令模式。

```
# vim text.txt
```

即输入“vim 文件名”，然后按 Enter 键，就能够进入命令模式，如图 7-2 所示。

注意 vim 后面一定要加文件名，不管该文件存在与否。

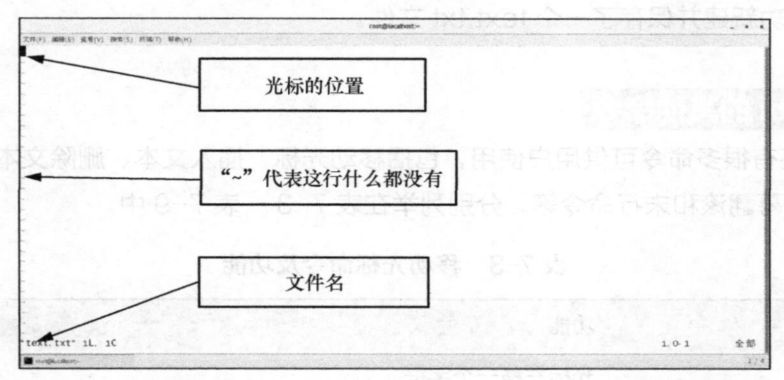

图 7-2 命令模式

进入命令模式之后，只要键入 i、o 或 a 就可进入输入模式。

在输入模式当中，可以发现在左下角状态栏中会出现 --INSERT--（或者是 -- 插入 --）的字样，那就是可以输入任意字符的提示，如图 7-3 所示。

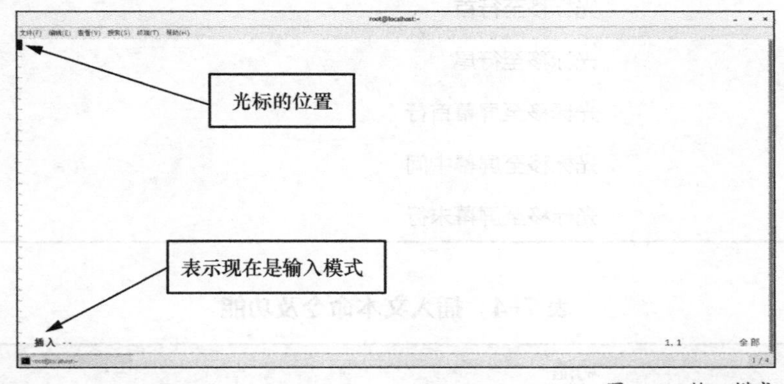

图 7-3 输入模式

这时键盘上除了 Esc 键之外，其他按键都可以视为一般的输入按钮，可以进行任意编辑。

完成编辑之后，需要对已经编辑的文件进行保存并且退出，这时候按下键盘上的 Esc 键就可以进入命令模式，再输入 :wq 并按 Enter 键就可以保存文件并退出，如图 7-4 所示。

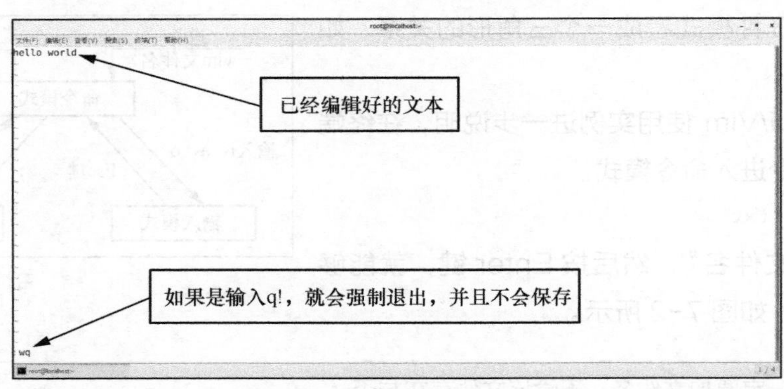

图 7-4　底线命令模式

这样就成功新建并保存了一个 text.txt 文件。

7.2.2 vi/Vim 的其他命令

vi/Vim 还有很多命令可供用户使用，包括移动光标、插入文本、删除文本、复制文本、查找文本、屏幕翻滚和末行命令等，分别列举在表 7-3 ~ 表 7-9 中。

表 7-3　移动光标命令及功能

命令	功能
h	光标左移一个字符
j	光标上移一个字符
k	光标下移一个字符
l	光标右移一个字符
0	光标移至行首
$	光标移至行尾
H	光标移至屏幕首行
M	光标移至屏幕中间
L	光标移至屏幕末行

表 7-4　插入文本命令及功能

命令	功能
I	在光标前插入内容
A	在光标后插入内容
o	在所在行的下一行插入新行
O	在所在行的上一行插入新行

表 7-5 删除文本命令及功能

命令	功能
x	删除光标后面的字符
X	删除光标前面的字符
Nx	删除光标后面的 n 个字符
nX	删除光标前面的 n 个字符
d0	删除光标至行首的内容
d$	删除光标至行尾的内容
dd	删除光标所在的整行
ndd	删除当前及后续的 $n-1$ 行

表 7-6 复制文本命令及功能

命令	功能
yy	复制光标所在的一行
nyy	复制当前行及其后 $n-1$ 行的内容
p	在游标后粘贴
P	在游标前粘贴

表 7-7 查找文本命令及功能

命令	功能
/pattern	向下查找
?pattern	向上查找
n	同一方向继续上次的查找
N	相反方向继续上次的查找
:s/p1/p2/g	在当前行，将 p1 替换成 p2
:n1,n2s/p1/p2/g	将 n1 至 n2 行之间的 p1 替换成 p2

表 7-8 屏幕滚动快捷键及功能

快捷键	功能
Ctrl+U	向文件首翻半屏
Ctrl+D	向文件尾翻半屏

续表

快捷键	功能
Ctrl+F	向文件尾翻一屏
Ctrl+B	向文件首翻一屏

表 7-9　末行命令及功能

末行命令	功能
:n1,n2 co n3	将 n1 至 n2 行复制到 n3 行的下面
:n1,n2 m n3	将 n1 至 n2 行剪切至 n3 行的下面
:n1,n2 d	将 n1 至 n2 行删除
:w	保存
:q	退出
:q!	强制退出
:w!	强制保存
:数字键	定位到指定行
:set nu	显示行号
:set nonu	取消行号
u	取消上一次操作

7.3 修改 Vim 配置

在 Vim 中，可以修改一些配置，以使 Vim 编辑器的使用更加顺手。刚安装的 Vim 界面可能并不十分友好，需要用户按照自己的需求更改 Vim 的配置文件。Vim 编辑环境的配置有如下两种方式。

- 在 /etc/vimrc 进行设置，这种设置方式会作用于所有登录到统信 UOS 环境下的用户。
- 在用户登录的主目录下创建一个 .vimrc 文件，在其中进行自己习惯的编程环境的设置，这种方式的好处就是当其他用户登录时不会受到影响。

这里采用第一种方式，在命令行界面中，执行如下命令。

```
# sudo vim /etc/vimrc
```

sudo 一定要加，否则是没有权限编辑 .vimrc 文件的。.vimrc 文件可能并不在 etc 目录下，也有可能位于 etc/vim/vimrc，具体在哪里要看计算机的实际情况。

可以使用如下命令查找本机的 .vimrc 文件。

```
#locate  -b  vimrc
```

进入本机的 .vimrc 文件之后，会显示如下内容。

```
if v:lang =~ "utf8$" || v:lang =~ "UTF-8$"
   set fileencodings=ucs-bom,utf-8,latin1
endif
……
"/etc/vimrc" 65L, 1983C      1,1         顶端
```

在这里可以配置用户 Vim 的环境，当保存了配置之后，所有登录这台机器的用户都默认使用编辑好的 Vim 配置。

下面通过实例说明。每次打开 Vim 时，编辑界面都默认显示行数。先在终端执行如下命令。

```
# sudo  vim  /etc/vimrc
```

进入 .vimrc 文件后，在最后添加如下内容。

```
set nu
```

添加之后，就能够在每一次打开 Vim 时显示行数。

修改 Vim 配置的其他命令如下。

```
set  nocompatible   #关闭 vi 兼容模式
syntax  on   #自动语法高亮
colorscheme  default   #设定配色方案
set  number   #显示行号
set  cursorline   #突出显示当前行
set  ruler   #打开状态栏标尺
set  shiftwidth=4   #设定 << 和 >> 命令移动时的宽度为 4
set  softtabstop=4   #使得按 BackSpace 键时可以一次删掉 4 个空格
set  tabstop=4   #设定 tab 长度为 4
set  nobackup   #覆盖文件时不备份
set  autochdir   #自动切换当前目录为当前文件所在的目录
filetype  plugin  indent  on   #开启插件
set  backupcopy=yes   #设置备份时的行为为覆盖
set  ignorecase  smartcase   #搜索时忽略大小写，但在有大写字母时仍保持对大小写敏感
set  nowrapscan   #禁止在搜索到文件两端时重新搜索
set  incsearch   #输入搜索内容时就显示搜索结果
set  hlsearch   #搜索时高亮显示被找到的文本
set  noerrorbells   #关闭错误信息响铃
set  novisualbell   #关闭使用可视响铃代替呼叫
set  t_vb=   #置空错误铃声的终端代码
set  showmatch   #插入括号时，短暂地跳转到匹配的对应括号
set  matchtime=2   #短暂跳转到匹配括号的时间
set  magic   #设置魔术
set  hidden   #允许在有未保存的修改时切换缓冲区，此时的修改由 Vim 负责保存
set  guioptions-=T   #隐藏工具栏
set  guioptions-=m   #隐藏菜单栏
set  smartindent   #开启新行时使用智能自动缩进
set  backspace=indent,eol,start   #设定在插入状态可用 BackSpace 键和 Delete 键删除回车符
set  cmdheight=1   #设定命令行的行数为 1
set  laststatus=2   #显示状态栏（默认值为 1，无法显示状态栏）
```

```
set  foldenable    #开始折叠
set  foldmethod=syntax   #设置语法折叠
set  foldcolumn=0   #设置折叠区域的宽度
setlocal  foldlevel=1   #设置折叠层数
set  foldclose=all   #设置为自动关闭折叠
```

第 08 章

文件的查找、归档、压缩、解压缩

很多时候用户需要查找一些文件，但是不一定熟悉文件的路径。本章将介绍一些比较灵活的文件查找方法，另外还会介绍文件的归档、压缩和解压缩。

8.1 文件查找

在统信 UOS 中进行文件查找需要学习一些命令，熟练掌握这些命令，才能够快速地在统信 UOS 中查找到想要的文件。

8.1.1 可执行文件的搜索

在查找文件时，有两个方法：which 命令和 whereis 命令。

首先介绍 which 命令，在终端执行如下命令。

```
# which 选项 文件
```

这条命令主要用来查找系统"PATH"目录下的可执行文件，如果可执行文件没有加入 PATH 是不会被搜索到的。

which 命令可使用的选项及其功能如表 8-1 所示。

表 8-1 which 命令可使用的选项及其功能

选项	功能
-n	后接数字可指定文件名长度，指定的长度必须大于或等于所有文件中最长的文件名
-p	与 -n 相同，但此选项后包括文件的路径
-w	后接数字可指定输出时栏位的宽度
-V	显示版本信息

例如查找 ls 命令文件所在位置，命令及显示的结果如下。

```
# which ls
alias ls='ls --color=auto'
/usr/bin/ls
```

另外一个搜索文件的方法是使用如下的 whereis 命令。

```
# whereis 选项 文件
```

whereis 命令主要用来查找二进制（命令）、源文件、man 文件等。whereis 命令的用法和 which 命令有所区别，因为这条命令是通过文件索引数据库而非 PATH 来查找的，所以查找的范围更广。

whereis 命令可使用的选项及其功能如表 8-2 所示。

表 8-2 whereis 命令可使用的选项及其功能

选项	功能
-b	只查找二进制文件
-B 目录	只在设置的目录下查找二进制文件

续表

选项	功能
-f	不显示文件名前的路径名称
-m	只查找说明文件
-M 目录	只在设置的目录下查找说明文件
-s	只查找原始代码文件
-S 目录	只在设置的目录下查找原始代码文件
-u	查找不包含指定类型的文件

同样，查找 ls 命令文件所在位置的命令如下。

```
# whereis ls
```

显示的结果如下。

```
# whereis ls
ls: /usr/bin/ls
/usr/share/man/man1p/ls.1p.gz
/usr/share/man/man1/ls.1.gz
```

结果表明 whereis 命令不仅找到了 ls 命令文件所在的位置，还找到了其 man 帮助文档。

8.1.2 使用 locate 命令

locate 命令用来查找文件或目录。locate 命令的查找速度要比 find 命令快得多，原因在于它不在具体目录中查找，而是在数据库 /var/lib/slocate/slocate.db 中查找。这个数据库中含有本地所有文件的信息。统信 UOS 自动创建这个数据库，并且每天自动更新一次，因此，在用 whereis 和 locate 命令查找文件时，有时会找到已经被删除的数据或者刚刚建立文件，却无法查找到该文件，原因就是数据库文件没有被更新。为了避免这种情况，可以在使用 locate 命令之前，先使用 updatedb 命令手动更新数据库。下面继续通过搜索 ls 命令文件所在位置进行说明。首先在终端执行如下命令。

```
# locate ls
```

查找结果如下。

```
/var/cache/yum/x86_64/7/base/packages/shadow-utils-4.6-5.el7.x86_64.rpm
/var/cache/yum/x86_64/7/base/packages/smartmontools-7.0-2.el7.x86_64.rpm
……
/var/cache/yum/x86_64/7/updates/packages/iscsi-initiator-utils-6.2.0.874-20.el7_9.
x86_64.rpm
/var/cache/yum/x86_64/7/base/packages/urw-base35-standard-symbols-ps-
fonts-20170801-10.el7.noarch.rpm
```

查找出来的结果非常多，而且搜索的速度并没有下降。

可以发现，locate 命令与前面的 which 和 whereis 命令不同。首先是查找结果不同，它把所有名字包含 ls 的文件都查找出来了。其次是查找速度不同，locate 查找速度很快，查找结果很多，但是由于不是实时检测，因此查找到的结果并没有那么精确。

为证明 locate 并不是实时检测，此处新建文件 new_text.txt，对其进行编辑并查找。首先在终端执行如下命令。

```
# vim new_text.txt
```

这样就创建好了一个新的文件。

这时候在写完之后保存并且退出，然后在终端执行如下命令。

```
# locate new_text.txt
```

发现这条命令被执行却没有发生任何事情，如下所示。

```
# locate new_text.txt
#
```

没有任何返回结果，可是 new_text.txt 明明存在，而且是刚刚创建的。显然 locate 命令并不是在文件系统里查找文件，而是在数据库 /var/lib/slocate/slocate.db 中查找，因此需要更新数据库后再进行查找，在终端执行如下命令。

```
# updated
# locate new_text.txt
# locate new_text.txt
/new_text.txt
```

这时候 locate 就找到了在根目录下刚刚新建的 new_text.txt。

从上面的结果分析可知，如果数据库不更新，locate 命令无法查找到新创建的文件。但是每次使用 locate 之前更新数据库会显得比较麻烦，这时候统信 UOS 采取了一些有关的措施，比如在统信 UOS 中每天有计划任务来更新数据库，在终端中执行如下命令。

```
# vim /etc/cron.daily
```

可发现里面存放的内容如下。

```
" ============================================================================
" Netrw Directory Listing                                        (netrw v149)
"   /etc/cron.daily
"   Sorted by      name
"   Sort sequence: [\/]$,\<core\%(\.\d\+\)\=\>,\.h$,\.c$,\.cpp$,\~\=\*$,*,\.o$,\.
obj$,\.info$,\.swp$,\.bak$,\~$
"   Quick Help: <F1>:help  -:go up dir  D:delete  R:rename  s:sort-by  x:exec
" ============================================================================
../
./
logrotate*
man-db.cron*
mlocate*
.swp
```

在每天的任务中有一个 mlocate* 的任务，而在 mlocate* 这个任务里，就有 updatedb。

locate 命令可使用的选项及其功能如表 8-3 所示。

表 8-3 locate 命令可使用的选项及其功能

选项	功能
-b，--basename	仅匹配路径名的基本名称
-c，--count	只输出找到的数量
-d，--database DBPATH	使用 DBPATH 指定的数据库，而不是默认数据库 /var/lib/mlocate/mlocate.db
-e，--existing	仅打印当前现有文件的条目
-1	启动安全模式。在安全模式下，使用者不会看到权限无法看到的档案。这会使速度减慢，因为 locate 命令必须至实际的档案系统中取得档案的权限资料
-0，--null	在输出上带有 NUL 的单独条目
-S，--statistics	不搜索条目，输出有关每个数据库的统计信息
-q	安静模式，不会显示任何错误信息
-P，--nofollow，-H	检查文件存在时不要遵循尾随的符号链接
-l，--limit，-n LIMIT	将输出（或计数）限制为 LIMIT 个条目
-n	至多显示 *n* 个输出
-m，--mmap	被忽略，为了向后兼容
-r，--regexp REGEXP	使用基本正则表达式
-q，--quiet	安静模式，不会显示任何错误信息
-o	指定资料库存的名称
-h，--help	显示帮助
-i，--ignore-case	忽略大小写
-V，--version	显示版本信息

8.1.3 使用 find 命令

find 是常用且强大的查找命令，能做到实时查找、精确查找，但查找速度慢。find 命令直接从硬盘里面查找文件，查找速度没有 locate 命令的快，但是查找选项比 locate 命令的多，而且查找的精度也比 locate 命令的高。

find 命令用来在指定目录下查找文件。任何位于参数之前的字符串都将被视为欲查找的目录名。如果使用该命令时，不设置任何参数，则 find 命令将在当前目录下查找子目录与文件，并且将查找到的子目录和文件全部进行显示。find 命令的语法格式如下。

```
find 指定目录 指定条件 指定动作
```

其中具体参数说明如下。

- 指定目录：所要查找的目录和其子目录。如果不指定，则默认为当前目录。
- 指定条件：所要查找的文件的特点。
- 指定动作：对查找的结果如何处理。

指定条件和指定动作都是可选项。

find 命令的选项及其功能如表 8-4 所示。

表 8-4 find 命令的选项及其功能

选项	功能
-name filename	查找名为 filename 的文件
-perm	按执行权限来查找
-user username	按文件属主来查找
-group groupname	按组来查找
-mtime -n +n	按文件更改时间来查找文件，-n 指 *n* 天以内，+n 指 *n* 天以前
-atime -n +n	按文件访问时间来查找文件，-n 指 *n* 天以内，+n 指 *n* 天以前
-ctime -n +/n	按文件创建时间来查找文件，-n 指 *n* 天以内，+n 指 *n* 天以前
-nogroup	查无有效属组的文件，即文件的属组在 /etc/groups 中不存在
-nouser	查无有效属主的文件，即文件的属主在 /etc/passwd 中不存在
-newer f1 !f2	查更改时间比 f1 新、但比 f2 旧的文件
-type b/d/c/p/l/f	分别查找块设备、目录、字符设备、管道、符号链接、普通文件
-size n[c]	查长度为 *n* 块 [或 *n* 字节] 的文件
-depth	使查找在进入子目录前先查找本目录
-fstype	查位于某一类型文件系统中的文件，文件系统类型通常可在 /etc/fstab 中找到
-mount	查文件时不跨越文件系统 mount 点
-follow	如果遇到符号链接文件，就跟踪链接所指的文件
-cpio	对匹配的文件使用 cpio 命令，将它们备份到磁带设备中
-prune	忽略某个目录

通过以下实例进一步说明 find 命令的各种用法。

```
find  -name  april*                          # 在当前目录下查找以 april 开始的文件
find  -name  ap*  -o  -name  may*            # 查找以 ap 或 may 开头的文件
find  /mnt  -name  tom.txt   -ftype vfat     # 在 /mnt 下查找名称为 tom.txt 且类型为 vfat 的文件
find  /mnt  -name t.txt !  -f  -type  vfat   # 在 /mnt 下查找名称为 t.txt 且类型不为 vfat 的文件
find  /tmp  -name  wa*  -type  l             # 在 /tmp 下查找名以 wa 开头且类型为符号链接的文件
find  /home  -mtime  -2                      # 在 /home 下查最近 2 天内改动过的文件
```

```
find  /home    -atime   -1              # 查 1 天之内被存取过的文件
find  /home   -mmin    +60              # 在 /home 下查 60 分钟前改动过的文件
find  /home   -amin   +30               # 查最近 30 分钟内被存取过的文件
find  /home   -newer   tmp.txt          # 在 /home 下查更新时间比 tmp.txt 近的文件或目录
find  /home   -anewer   tmp.txt         # 在 /home 下查存取时间比 tmp.txt 近的文件或目录
find   /home   -used   -2               # 列出文件或目录被改动过后，在 2 天内被存取过的文件或目录
find   /home   -user  cnscn             # 列出 /home 目录内属于用户 cnscn 的文件或目录
find   /home   -uid   +501              # 列出 /home 目录内用户的识别码大于 501 的文件或目录
find   /home   -group   cnscn           # 列出 /home 内组为 cnscn 的文件或目录
find   /home   -gid 501                 # 列出 /home 内组 ID 为 501 的文件或目录
find   /home   -nouser                  # 列出 /home 内不属于本地用户的文件或目录
find   /home   -nogroup                 # 列出 /home 内不属于本地组的文件或目录
find   /home    -name tmp.txt   -maxdepth  4   # 列出 /home 内的 tmp.txt 查找深度最多为 3 层
find   /home   -name tmp.txt   -mindepth   3   # 从第 2 层开始查
find   /home   -empty                          # 查找大小为 0 的文件或空目录
find   /home   -size   +512k                   # 查大于 512KB 的文件
find   /home   -size   -512k                   # 查小于 512KB 的文件
find   /home   -links   +2                     # 查硬链接数大于 2 的文件或目录
find   /home   -perm   0700                    # 查权限为 700 的文件或目录
find   /tmp   -name tmp.txt   -exec cat {} \;
find   /tmp   -name   tmp.txt   -ok   rm {} \;
find    /   -amin    -10                       #  查找在系统中最后 10 分钟访问的文件
find    /   -atime   -2                        #  查找在系统中最后 48 小时访问的文件
find    /   -empty                             #  查找在系统中为空的文件或者文件夹
find    /   -group   cat                       #  查找在系统中属于 cat 组的文件
find    /   -mmin   -5                         #  查找在系统中最后 5 分钟里修改过的文件
find    /   -mtime   -1                        # 查找在系统中最后 24 小时里修改过的文件
find    /   -nouser                            # 查找在系统中属于作废用户的文件
find    /   -user     fred                     # 查找在系统中属于 fred 用户的文件
```

8.2 文件内容查找

在统信 UOS 中，grep 命令是一种强大的文本查找工具，能使用正则表达式查找文件内容，并把匹配的行输出来。grep 全称是 Global Regular Expression Print，表示全局正则表达式版本，所有用户都有使用权限。

grep 家族包括 grep、egrep 和 fgrep，egrep 和 fgrep 命令跟 grep 只有细微区别。egrep 命令是 grep 命令的扩展，支持更多的 re 元字符，fgrep 命令就是 fixed grep 或 fast grep，它们把所有的字母都看作单词，也就是说，正则表达式中的元字符表示其自身的字面意义，不再特殊。

统信 UOS 使用 GNU 版本的 grep 命令，功能更强，可通过 -G、-E、-F 命令行选项来使用。

grep 命令可以很方便地在文件中找到想查找的内容，可以查看该内容在第几行、出现了多少次等。总之，grep 命令和 find 命令一样，是很强大的文本工具，熟练地将其掌握以后，无论是在学习还是在工作中使用统信 UOS，效率都会有所提升，其基础语法格式如下。

```
# grep 查找内容 文件名
```

其中查找内容就是需要查找的内容，后面的文件名是要查找的内容所在的文件，例如：

```
# grep  hello  new_text.txt
```

这是一种最基本的使用方法，但是读者会发现，这样查找也仅仅是找到了这个单词，而无法找到 hello 在该篇文档中出现了几次、出现在什么位置、是关键词搜索还是单词搜索等信息。这时候就要引入 grep 命令的选项了，这些选项可以帮助用户更好地找到想要的信息，主要选项可通过 grep –help 命令查看，具体如下。

（1）-c：主要在统计次数时使用，在 grep 之后加入 -c，返回值是匹配行的计数。例如：

```
# grep  -c  hello  new_text.txt
1
```

（2）-i：主要是针对搜索的内容使用的，在加入 -i 后，搜索的内容将不会区分大小写。例如：

```
# grep  -i  HELLO  new_text.txt
hello world
```

（3）^：以输入的内容为开头来查找文件中匹配的内容。

（4）$：以输入的内容为结尾来查找文件中匹配的内容。

这两个参数也是针对内容而言的，在输入的内容前面加 ^ 或者在内容的后面加 $ 就可以使用，例如：

```
# grep ^hello /new_text.txt
hello world
```

（5）-n：显示匹配行及行号。

-n 是相当常用的一个选项，可以显示匹配内容所在的行数，这对于在查找到内容以后进行文档修改有很大的帮助，用法及实例如下。

```
# grep  -n  hello /new_text.txt
1:hello world
```

grep 命令可使用的选项及其功能如表 8-5 所示。

表 8-5　grep 命令可使用的选项及其功能

选项	功能
--color=auto	可以为找到的关键词部分加上颜色显示
-a 或 --text	不要忽略二进制的数据
-A 行数 或 --after-context= 行数	除显示符合范本样式的那一行之外，还显示该行之后的内容
-b 或 --byte-offset	在显示符合样式的那一行之前，标示出该行第一个字符的编号
-B 行数 或 --before-context= 显示行数	除显示符合样式的那一行之外，还显示该行之前的内容
-C 显示行数 或 --context= 显示行数 或 - 行数 >	除显示符合样式的那一行之外，并显示该行前后的内容

续表

选项	功能
-d 动作 或 --directories= 动作	当指定要查找的是目录而非文件时，必须使用这项参数，否则 grep 命令将回报信息并停止动作
-e 范本样式 或 --regexp= 范本样式	指定字符串作为查找文件内容的样式
-E 或 --extended-regexp	将样式延伸为正则表达式来使用
-f 规则文件 或 --file= 规则文件	指定规则文件，其内容含有一个或多个规则样式，让 grep 命令查找符合规则条件的文件内容，格式为每行一个规则样式
-F 或 --fixed-regexp	将样式视为固定字符串的列表
-G 或 --basic-regexp	将样式视为普通的表示法来使用
-h 或 --no-filename	在显示符合样式的那一行之前，不标示该行所属的文件名称
-H 或 --with-filename	在显示符合样式的那一行之前，标示该行所属的文件名称
-i 或 --ignore-case	忽略字符大小写的差别
-l 或 --file-with-matches	列出文件内容符合指定的样式的文件名称
-L 或 --files-without-match	列出文件内容不符合指定的样式的文件名称
-n 或 --line-number	在显示符合样式的那一行之前，标示出该行的列数编号
-o 或 --only-matching	只显示匹配 PATTERN 部分
-q 或 --quiet 或 --silent	不显示任何信息
-r 或 --recursive	此选项的效果和 -d recurse 相同
-s 或 --no-messages	不显示错误信息
-v 或 --invert-match	显示不包含匹配文本的所有行
-V 或 --version	显示版本信息
-w 或 --word-regexp	只显示全字符合的列
-x --line-regexp	只显示全列符合的列
-y	此选项的效果和 -i 相同

8.3 归档、压缩与解压缩

在发送多份文件时，常用的方法是将这些文件归档（类似归到同一个文件夹），压缩之后发送给其他用户，即将多份文件进行打包发送。在 Windows 操作系统里面有一些压缩软件可以实现这样的功能，比如压缩成 .rar、.zip 等格式。统信 UOS 也支持这些格式，不过不常用，统信 UOS 里面有专用的压缩方式——用 tar 命令压缩。

8.3.1 归档和压缩

通过 tar 命令打包文件的语法格式如下。

```
#tar czvf 文件名 文件路径
```

tar 是打包文件的起始命令，采用 czvf 选项，这 4 个选项代表的意义是创建一个压缩文件并且使压缩过程可视化，文件名表示压缩后文件的名字，文件路径表示需要压缩的文件路径。一般采用这样的方式来打包文件，tar 命令的主要选项如表 8-6 所示。

表 8-6 tar 命令的主要选项

选项	功能
-c	新建打包文件，可搭配 -v 来查看被打包的文件名
-t	查看打包文件中含有哪些文件名，重点在查看文件名
-x	解打包或解压缩，可以搭配 -C（大写）在特定的目录解压缩文件
-j	通过 bzip2 的支持进行压缩 / 解压缩，此时文件名最好命名为 *.tar.bz2
-z	通过 gzip 的支持进行压缩 / 解压缩，此时文件名最好命名为 *.tar.gz
-v	在压缩 / 解压缩的过程中，将正在处理的文件名显示出来
-r	添加文件（已存在的）到归档中
-f 文件名	-f 后面要接被处理的文件名
-C	若要在特定目录解压缩文件，可以使用该参数
--get	解档指定单个文件
--delete	删除归档中的指定文件
-P	使用绝对路径进行归档和解档
--exclude= 文件	在压缩过程中，不将文件打包

tar 命令对文本的压缩率极高，通常情况下可以压缩 60% ~ 70%。在压缩文本文件时，建议采用这种方式。

实例：将 etc 目录下的所有文件归档成一个名为 text_first.tar.gz 的文件，使用的命令如下。

```
#tar  czvf  text_first.tar.gz  /etc/
```

如果想在文件压缩时带有时间，从而告诉其他用户这是什么时候的压缩文件，可以在压缩时在文件名前面加上如下内容：

```
'date+%F'
```

也就是：

```
#tat  czvf  'data+%F'text_first.tar.gz  /etc/
```

8.3.2 解压缩

解压缩和压缩的命令很相似，解压缩的命令语法格式如下。

```
#tar xzvf 文件 -C 文件路径
```

其中，x 是解压缩的选项，其他选项参考表 8-6 中的内容，文件是压缩文件，后面的 -C 是将文件解压缩到后面的文件路径，文件路径是要解压缩的位置。

第 09 章

输入输出重定向

如果想把多个命令组合到一起，使其协同工作，以便更加高效地处理数据，就需要使用输入输出重定向。输入的意思是往终端或者其他地方输入一些信息或者命令，输出就是响应输入命令的信息。输入重定向是指把文件或者键盘输入导入命令，而输出重定向则是指把原本要输出到屏幕的数据信息写入指定文件。输入输出重定向就是把输入的或者计算机输出的信息移植到另一个文件或地方，更改输入输出的位置。

9.1 重定向

重定向就是更改系统默认的设置，使得系统在遇见一些问题的时候能做出用户设计好的反应。比如用户想避免在报错时出现错误信息，在操作完成之后才去查看错误信息，那么可以这样设置：如果执行过程中有报错，就将报错的信息输入另一个文件，暂时不显示在屏幕上。

例如下面这种情况，在终端输入的 df -Th 称为用户的输入，反馈出来的有关文件系统的相关参数就是系统响应的输出。

```
[root@localhost ~]# df -Th
文件系统     类型      容量  已用  可用  已用% 挂载点
/dev/sda3   ext4      17G   5.6G  11G   36%  /
devtmpfs    devtmpfs  976M  0     976M  0%   /dev
tmpfs       tmpfs     991M  0     991M  0%   /dev/shm
tmpfs       tmpfs     991M  11M   980M  2%   /run
tmpfs       tmpfs     991M  0     991M  0%   /sys/fs/cgroup
/dev/sda1   ext4      976M  134M  776M  15%  /boot
.host:/     vmhgfs    200G  125G  76G   63%  /mnt/hgfs
tmpfs       tmpfs     199M  8.0K  199M  1%   /run/user/42
tmpfs       tmpfs     199M  28K   199M  1%   /run/user/0
/dev/sr0    iso9660   4.3G  4.3G  0     100% /run/media/root/CentOS 7 x86_64
```

如果直接按 Enter 键，就会直接输出系统硬盘占用情况；如果不想让它显示，并将系统硬盘占用情况输出到文件，可以使用如下命令。

```
[root@localhost ~]# df -Th > text.txt
```

可以发现，这样在按 Enter 键以后，就直接进入下一条命令，本来应该输出在屏幕上的内容就会存到 text.txt 文件中。文件的内容可以通过终端查看，具体如下。

```
[root@localhost ~]# cat text.txt
文件系统     类型      容量  已用  可用  已用% 挂载点
/dev/sda3   ext4      17G   5.6G  11G   36%  /
devtmpfs    devtmpfs  976M  0     976M  0%   /dev
tmpfs       tmpfs     991M  0     991M  0%   /dev/shm
tmpfs       tmpfs     991M  11M   980M  2%   /run
tmpfs       tmpfs     991M  0     991M  0%   /sys/fs/cgroup
/dev/sda1   ext4      976M  134M  776M  15%  /boot
.host:/     vmhgfs    200G  125G  76G   63%  /mnt/hgfs
tmpfs       tmpfs     199M  8.0K  199M  1%   /run/user/42
tmpfs       tmpfs     199M  28K   199M  1%   /run/user/0
/dev/sr0    iso9660   4.3G  4.3G  0     100% /run/media/root/CentOS 7 x86_64
```

发现相关内容已经存到 text.txt 文件里了，这就是重定向。如果要继续往里面输入内容呢？按照这个步骤不断地执行下去，最后会发现文件里面只有最后一次放进去的内容，解决这个问题的办法就是追加。追加的操作很简单，就是将原来的一个“>”变成两个“>>”，从而实现追加的标准正确输出重定向，例如：

```
[root@localhost ~]# df -Th >> text.txt
[root@localhost ~]# cat text.txt
文件系统       类型        容量   已用   可用    已用% 挂载点
/dev/sda3      ext4        17G    5.6G   11G     36%  /
devtmpfs       devtmpfs    976M   0      976M    0%   /dev
tmpfs          tmpfs       991M   0      991M    0%   /dev/shm
tmpfs          tmpfs       991M   11M    980M    2%   /run
tmpfs          tmpfs       991M   0      991M    0%   /sys/fs/cgroup
/dev/sda1      ext4        976M   134M   776M    15%  /boot
.host:/        vmhgfs      200G   125G   76G     63%  /mnt/hgfs
tmpfs          tmpfs       199M   8.0K   199M    1%   /run/user/42
tmpfs          tmpfs       199M   8K     199M    1%   /run/user/0
/dev/sr0       iso9660     4.3G   4.3G   0       100% /run/media/root/CentOS 7 x86_64
文件系统       类型        容量   已用   可用    已用% 挂载点
/dev/sda3      ext4        17G    5.6G   11G     36%  /
devtmpfs       devtmpfs    976M   0      976M    0%   /dev
tmpfs          tmpfs       991M   0      991M    0%   /dev/shm
tmpfs          tmpfs       991M   11M    980M    2%   /run
tmpfs          tmpfs       991M   0      991M    0%   /sys/fs/cgroup
/dev/sda1      ext4        976M   134M   776M    15%  /boot
.host:/        vmhgfs      200G   125G   76G     63%  /mnt/hgfs
tmpfs          tmpfs       199M   8.0K   199M    1%   /run/user/42
tmpfs          tmpfs       199M   28K    199M    1%   /run/user/0
/dev/sr0       iso9660     4.3G   4.3G   0       100% /run/media/root/CentOS 7 x86_64
```

接下来介绍标准错误重定向，其实与标准正确重定向只是略有不同，例如：

```
# hello  world  >  text.txt
bash: hello: 未找到命令 ...
```

可以看到命令出错了，因为标准正确值规定为 1，标准错误值规定为 2，当值为 1 的时候，可以不写，上述完整的重定向代码，其实是这样的：

```
# hello  world  1>  text.txt
bash: hello: 未找到命令 ...
```

所以这个代码是把正确的信息输入 text.txt，而错误的信息没有被重定向，将代码改成如下形式，就可正常运行。

```
# hello  world  2>  text.txt
```

如果命令中既有正确的又有错误的信息呢？可以执行如下命令。

```
# 命令  >  text1.txt  2> text2.txt
```

这样一来，正确的信息会存到文件 text1.txt 里，错误的信息会存到文件 text2.txt 里。标准错误也能追加，操作和标准正确的追加是一样的，还有一些其他的搭配，具体如下。

```
>!            # 输出重定向到一个文件或设备，强制覆盖原来的文件
<             # 输入重定向到一个程序
2>>           # 将一个标准错误输出重定向到一个文件或设备，追加到原来的文件
2>&1          # 将一个标准错误输出重定向到标准输出。1 代表标准输出
>&            # 将一个标准错误输出重定向到一个文件或设备，覆盖原来的 c-shell 文件
|&            # 将一个标准错误管道输送到另一个命令作为输入
```

9.2 管道

管道是 Linux 从 UNIX 继承的进程间通信机制，这是 UNIX 早期的一个重要通信机制。其思想是在内存中创建一个共享文件，从而使通信双方利用这个共享文件来传递信息。由于这种方式具有单向传递数据的特点，因此这个用来传递消息的共享文件就叫作“管道”。管道是 Linux 中很重要的一种通信方式，可把一个程序的输出直接连接到另一个程序的输入。本节将介绍重定向搭配管道的使用，首先在终端上执行如下命令。

```
[root@localhost ~]#cat /boot/grub2/grub.cfg
#
# DO NOT EDIT THIS FILE
#
# It is automatically generated by grub2-mkconfig using templates
# from /etc/grub.d and settings from /etc/default/grub
#

### BEGIN /etc/grub.d/00_header ###
set pager=1

if [ -s $prefix/grubenv ]; then
  load_env
fi
……
```

可看到在这个文件里，有注释，有空行，如果需要通过管道 + 重定向的方法来提取有效的字符，那么需要把注释和空行去掉。

首先，在终端里执行如下命令。

```
# cat /boot/grub2/grub.cfg
```

发现可以看到全部的内容，那么此时可使用管道，命令如下。

```
# cat /boot/grub2/grub.cfg |  grep -v ^#
```

前面有提到，管道可以把一个程序的输出直接连接到另一个程序的输入，那么可以使用如下命令把前面运行命令的输出作为后面的输入。

```
grep  -v   ^#  文件路径
```

文件路径作为 grep 命令的参数运行，grep -v ^# 表示查看除了开头带有“#”的行，这样就成功剔除了注释，而 grep -v ^$ 的作用是过滤空白符。因此执行如下命令：

```
# cat /boot/grub2/grub.cfg  |  grep  -v ^#  | grep  -v  ^$
```

就成功提取了有效的部分，然后需要执行如下命令对其进行存储。

```
# cat /boot/grub2/grub.cfg  |  grep  -v ^#  | grep  -v  ^$  >  text.txt
```

当然，如果想保存中间过程，可以采用 tee 命令，例如：

```
# cat /boot/grub2/grub.cfg  |tee file1 |  grep  -v ^#  | grep  -v ^$  >  text.txt
```

这时候第一步执行后的结果就输入 file1 里面，并且不会影响接下来的运行。

9.3 文件处理

在统信 UOS 中，文件为操作系统和设备提供了一个简单而统一的接口，有特别重要的意义。在统信 UOS 中，几乎一切都可以看作文件，这就意味着普通程序完全可以像使用文件（普通定义）那样使用硬盘文件、串行口、打印机和其他设备。硬件设备在统信 UOS 中也被表示为文件。

因此在学习统信 UOS 的过程中，需要掌握文件的基本操作和学会对文件的基本处理方法。下面对一些常用的命令进行详细的介绍。

1. head 命令查看文件

head 命令可用于查看文件开头部分的内容，常用参数 -n 用于显示行数，默认为 10，即显示 10 行的内容，实例如下。

```
# head  /boot/grub2/grub.cfg
#
# DO NOT EDIT THIS FILE
#
# It is automatically generated by grub2-mkconfig using templates
# from /etc/grub.d and settings from /etc/default/grub
#

### BEGIN /etc/grub.d/00_header ###
set pager=1
```

使用 head 命令默认查看前 10 行，如果需要查看指定的行数，可以使用如下命令。

```
# head  -n  行号   /boot/grub2/grub.cfg
```

2. tail 命令查看文件

tail 命令用于显示文件尾部的内容，默认在屏幕上显示指定文件的末尾10 行，具体如下。

```
[root@localhost ~]# tail /boot/grub2/grub.cfg
#
# DO NOT EDIT THIS FILE
#
# It is automatically generated by grub2-mkconfig using templates
# from /etc/grub.d and settings from /etc/default/grub
#

### BEGIN /etc/grub.d/00_header ###
set pager=1

[root@localhost ~]# tail /boot/grub2/grub.cfg
# the 'exec tail' line above.
### END /etc/grub.d/40_custom ###

### BEGIN /etc/grub.d/41_custom ###
if [ -f  ${config_directory}/custom.cfg ]; then
```

```
  source ${config_directory}/custom.cfg
elif [ -z "${config_directory}" -a -f  $prefix/custom.cfg ]; then
  source $prefix/custom.cfg;
fi
### END /etc/grub.d/41_custom ###
```

同 head 命令，可以使用如下命令来查看文件的末尾指定行数的内容。

```
# tail  -n  行号   /boot/grub2/grub.cfg
```

> **注意** tail 命令更多用来监控，比如在终端执行该命令查看日志的 message 文件。
>
> ```
> # tail  -f  /var/log/message
> ```

这样可以监控用户的行动，防止异常行动的发生。

3. more 命令分页显示

more 命令的功能类似 cat 命令，cat 命令是将整个文件的内容从上到下显示在屏幕上。而 more 命令会以一页一页的方式显示，方便使用者逐页阅读，最基本的命令就是按 Space 键就显示下一页，按 B 键就显示上一页，而且还有搜寻字符串的功能。more 命令从前向后读取文件，因此在启动时就会加载整个文件，例如执行如下命令：

```
# more  /etc/passwd
```

输出结果如下。

```
root:x:0:0:root:/root:/bin/bash
bin:x:1:1:bin:/bin:/sbin/nologin
daemon:x:2:2:daemon:/sbin:/sbin/nologin
adm:x:3:4:adm:/var/adm:/sbin/nologin
lp:x:4:7:lp:/var/spool/lpd:/sbin/nologin
sync:x:5:0:sync:/sbin:/bin/sync
……
rpcuser:x:29:29:RPC Service User:/var/lib/nfs:/sbin/nologin
--More--(56%)
```

可以看到最后有显示阅读百分比，按 Enter 键后，这个文件会下移一部分，这样能够提供良好的阅读效果。

4. less 命令分页显示

less 命令也是对文件或其他输出进行分页显示的工具，应该说是统信 UOS 查看文件内容的工具，其功能极其强大。相比 more 命令，less 命令的用法更有弹性。在使用 more 命令的时候，不能通过上下方向键控制显示，但使用 less 命令时就可以使用 Page Up、Page Down 等键来往前或往后翻看文件，更容易查看文件的内容。除此之外，less 命令还拥有搜索功能，不仅可以向下搜，也可以向上搜，语法格式如下。

```
# less  文件名
```

一般 less 命令和 more 命令都搭配管道使用，比如想查看一个文件，就可以使用如下命令。

```
#cat  /etc/passwd  |  less(more)
```

在查看文件的时候，不会出现因为文件过长直接跳到文件结尾的现象。

5. wc 命令统计

利用 wc 命令可以计算文件的字节数、字数、列数。若不指定文件名称，或是所给予的文件名为“-”，则 wc 命令会从标准输入设备读取数据，例如：

```
#wc  -l  /etc/passwd
# wc  /etc/passwd
  46   92 2436 /etc/passwd
```

6. sort 命令排序

sort 命令用于将文本文件内容加以排序。sort 命令可针对文本文件的内容，以行为单位来排序，例如：

```
#sort   /etc/passwd
```

如果内容是字母，将按照首字母的优先级进行排列；如果内容是数字，将按照数字的优先级进行排列。默认为降序排列，但如果选择了 sort 命令中的选项 -r，就会升序排列，更多的选项可以使用 man sort 进行查看并选择。

在 etc/passwd 文件中，如果想要将内容按照第三列进行排序，可以使用如下命令。

```
#cat  etc/passwd  |  sort -rnk  3  -t  :
```

7. uniq 命令去重

uniq 命令可从文件中找到重复的行。uniq 命令不仅可用于查找重复项，而且可以用来删除重复项、显示重复项的出现次数、只显示重复的行、只显示唯一的行等。下面通过例子来说明。

先使用如下命令写一个文件。

```
#vim  text.txt
```

内容如下。

```
1
2
3
2
3
1
hello world
world hello
```

保存文件并退出后，如果使用 uniq 命令，能够发现结果如下。

```
# cat  text.txt  |  uniq -c
      1 1
      1 2
      1 3
      1 2
```

```
1 3
1 1
1 hello world
1 world hello
```

两个 1 是分开统计的，这是因为如果数字不相邻或者字母不相邻就不会进行去重操作，系统会默认它们是不一样的，这样就达不到去重的效果。

所以要进行 sort 整理之后去重，命令如下。

```
# cat  text.txt  |  sort  |  uniq -c
```

现在就可得到想要的结果。

8. cut 和 tr 命令

cut 命令可以从文本文件或者文本流中提取文本列。tr 命令用来从标准输入中通过替换或删除操作进行字符转换。cut 命令和 tr 命令一般是搭配管道使用的。

（1）cut 命令。

其主要功能如下。

- 查看文件内容。
- 显示行中的指定部分，删除文件中指定字段。
- 显示文件的内容，类似于 type 命令。

在命令行输入 cut –help 并按 Enter 键，可得到如下结果。

```
cut 选项 参数
-b：仅显示行中指定直接范围的内容。
-c：仅显示行中指定范围的字符。
-d：指定字段的分隔符，默认的字段分隔符为 "TAB"。
-f：显示指定字段的内容。
-n：与 "-b" 选项连用，不分割多字节字符。
--complement：补足被选择的字节、字符或字段。
--out-delimiter=< 字段分隔符 >：指定输出内容是字段分割符。
--help：显示命令的帮助信息。
--version：显示命令的版本信息。
```

（2）tr 命令。

tr 命令可以用一个字符来替换另一个字符，或者可以完全删除一些字符，也可以用来删除重复字符。tr 命令主要用于删除文件中的控制字符或进行字符转换。使用 tr 命令时要转换两个字符串：字符串 1 用于查询，字符串 2 用于处理各种转换。tr 命令刚执行时，字符串 1 中的字符被映射到字符串 2 中，然后转换操作开始。在命令行下输入 tr –help 并按 Enter 键，可得到如下结果。

```
tr 选项 参数
-c 或 --complement：取代所有不属于第一字符集的字符。
-d 或 --delete：删除所有属于第一字符集的字符。
-s 或 --squeeze-repeats：把连续重复的字符以单一字符表示。
-t 或 --truncate-set1：先删除第一字符集较第二字符集多出的字符。
```

下面通过实例说明监控硬盘中根分区使用率的方法。首先，需要获取硬盘分区的状态，使用如下命令。（注：容量有关的单位 GB、MB 简记为 G、M。）

```
# df  -Th
文件系统        类型          容量   已用     可用    已用%   挂载点
/dev/sda3       ext4          17G    5.6G     11G     36%     /
devtmpfs        devtmpfs      976M   0        976M    0%      /dev
tmpfs           tmpfs         991M   0        991M    0%      /dev/shm
tmpfs           tmpfs         991M   11M      980M    2%      /run
tmpfs           tmpfs         991M   0        991M    0%      /sys/fs/cgroup
/dev/sda1       ext4          976M   134M     776M    15%     /boot
.host:/         vmhgfs        200G   125G     76G     63%     /mnt/hgfs
tmpfs           tmpfs         199M   8.0K     199M    1%      /run/user/42
tmpfs           tmpfs         199M   28K      199M    1%      /run/user/0
/dev/sr0        iso9660       4.3G   4.3G     0       100%    /run/media/root/CentOS 7 x86_64
```

可以看到根分区已经使用了36%，如果需要抓取这个数据，可以使用如下命令。

```
# df -Th | grep sda3
/dev/sda3 ext4 17G 5.6G 11G 36% /
```

现在根分区整行都被提取出来了，进一步使用 tr 命令和 cut 命令，具体如下。

```
# df -Th | grep sda3 | tr -s " " | cut -d " " -f 6 | cut -d % -f 1
```

其中，“tr -s " "”是将多个空格转换成一个空格，从而可以更加灵活地处理数据，处理后的数据使用“cut -d " " -f 6”可以将空格作为分隔符将整体分割成 6 个部分。使用率在第 6 个部分，所以提取第 6 个数据，然后再次使用 cut 命令去除其中的百分号再取数据，就得到根分区使用率的数值了。

第 10 章

软件包的安装与使用

dpkg（debian package）是统信 UOS 用来安装、创建和管理软件包的实用工具。apt（advanced packaging tool）是统信 UOS 下的一款安装包管理工具。最初的 Linux 缺乏统一管理软件包的工具，在系统中安装软件时需要用户自行编译各类软件。当 Debian 系统出现后，dpkg 管理工具才被设计出来，为了更加快捷、方便地安装各类软件，dpkg 的前端工具 apt 也随之出现了。

10.1 使用 dpkg 管理软件包

dpkg 软件包提供了用于安装、卸载 Debian 软件包的低级别基础工具，统信 UOS 相关的软件包文件使用扩展名 .deb，就是因为统信 UOS 与 Debian GNU/Linux 发行版有着紧密的关系。非 root 用户使用 dpkg 命令时需要加上 sudo 命令，实例如下。

```
sudo dpkg -i package.deb
```

在桌面环境下，用户可以直接通过双击deb安装包进行安装。dpkg命令语法格式如下。

```
dpkg 选项 Deb 软件包
```

dpkg 命令的选项及功能如表 10-1 所示。

表 10-1　dpkg 命令的选项及功能

选项	功能
-i	安装软件包
-r	删除软件包
-P	删除软件包的同时删除其配置文件
-L	显示与软件包关联的文件
-c	显示软件包内文件列表
-l	显示已安装软件包列表 / 显示软件包的版本
-s	查看软件包的详细信息

1. 安装软件包

通过 dpkg 命令安装软件包的命令如下。

```
dpkg -i package
```

具体实例如下。

```
$ dpkg -i package.deb
( Reading database ... 187503 files and directories currently installed . )
Preparing to replace mozybackup 1.1.0 (using.../package.deb)...
package stop/waiting
Unpacking replacement package...
Setting up package (1.1.0) ...
mozybackup start / running , process 10823
Processing triggers for man-db ...
Processing triggers for ureadahead ...
```

2. 删除软件包

通过 dpkg 命令删除软件包的命令如下。

```
dpkg -r package
```

具体实例如下。

```
$ dpkg -r package.deb
(Reading database ... 100 files and directories currently installed.)
Removing package ...
mozybackup stop/waiting
Processing triggers for ureadahead ...
Processing triggers for man-db ...
```

3. 删除软件包的同时删除其配置文件

通过 dpkg 命令删除软件包的同时删除其配置文件的命令如下。

```
dpkg -P package
```

具体实例如下。

```
$ dpkg -P package.deb
(Reading database ... 187502 files and directories currently installed.)
Removing package ...
mozybackup stop/waiting
Purging configuration files for package...
dpkg:warning:while removing package,directory'/var/Lib/package
up ' not empty so not removed .
Processing triggers for ureadahead ...
Processing triggers for man-db
```

4. 显示与软件包关联的文件

通过 dpkg 命令显示与软件包关联的文件的命令如下。

```
dpkg -L package
```

具体实例如下。

```
$ dpkg -L package.deb
/usr
/usr/share
/usr/share/man
/usr/share/man/man8
/usr/share/man/man8/mozyutil.8.gz
/usr/share/doc
......
```

5. 显示软件包内文件列表

通过 dpkg 命令显示软件包内文件列表的命令如下。

```
dpkg -c package
```

具体实例如下。

```
$ dpkg -c package.deb
drwxr-xr-x root/root
0 2021-09-2101:35./
drwxr-xr-x root/root
0 2021-09-2101:35./usr/
drwxr-xr-x root/root
0 2021-09-2101:35./usr/share/
```

```
drwxr-xr-x root/root
0 2021-09-2101:35./usr/share/man/
drwxr-xr-x root/root
0 2021-09-2101:35./usr/share/man/man8
-rw-r--r-- root/root
950 2021-09-21 01:35 ./usr/share/man/man8/ozyutil.8.gz
drwxr-xr-x root/root
0 2021-09-2101:35./usr/share/doc/
......
```

6. 显示已安装软件包列表

通过 dpkg 命令显示已安装软件包列表的命令如下。

```
dpkg -l
```

具体实例如下。

```
$ dpkg -l
Desired=Unknown/Install/Remove/Purge/Hold
| Status=Not/Inst/Conf-files/Unpacked/halF-conf/Half-inst/trig-aWait/Trig-pend
|/ Err?=(none)/Reinst-required (Status,Err: uppercase=bad)
||/ Name Version Architecture Description
+++-==================================-=======================================-======
ii adduser 3.118 all add and remove users and groups
ii apt 1.8.2.2 amd64 commandline package manager
ii apt-transport-https 1.8.2.2 all transitional package for https support
......
```

7. 显示软件包的版本

通过 dpkg 命令显示软件包的版本的命令如下。

```
dpkg -l package
```

具体实例如下。

```
$ dpkg -l cpp
Desired=Unknown/Install/Remove/Purge/Hold
| Status=Not/Inst/Conf-files/Unpacked/halF-conf/Half-inst/trig-aWait/Trig-pend
|/ Err?=(none)/Reinst-required (Status,Err: uppercase=bad)
||/ Name Version Architecture Description
+++-===============-============-============-==================================
ii cpp 4:8.3.0-1 amd64 GNU C preprocessor (cpp)
```

8. 查看软件包的详细信息

通过 dpkg 命令查看软件包的详细信息的命令如下。

```
dpkg -s package
```

具体实例如下。

```
$ dpkg -s cpp
Package: cpp
Status: install ok installed
Priority: optional
```

```
Section: interpreters
Installed-Size: 42
Maintainer: Debian GCC Maintainers <debian-gcc@lists.debian.org>
Architecture: amd64
Multi-Arch: allowed
Source: gcc-defaults (1.181)
Version: 4:8.3.0-1
Depends: cpp-8 (>= 8.3.0-1~)
Suggests: cpp-doc
Conflicts: cpp-doc (<< 1:2.95.3)
Description: GNU C preprocessor (cpp)
 The GNU C preprocessor is a macro processor that is used automatically
 by the GNU C compiler to transform programs before actual compilation.
 This package has been separated from gcc for the benefit of those who
 require the preprocessor but not the compiler.
 This is a dependency package providing the default GNU C preprocessor.
```

10.2 使用 apt 管理软件包

apt 包管理工具功能强大，不仅可以更新软件包列表索引、安装新软件包、升级现有软件包，还能够升级整个系统。apt 常用命令及功能如表 10-2 所示。

表 10-2 apt 常用命令及功能

命令	功能
update	更新可用软件包列表
upgrade	通过安装 / 升级软件来更新系统
full-upgrade	升级软件包，升级前先删除需要更新的软件包
install	安装软件
remove	删除软件包，不清理配置文件
purge	删除软件包，清理配置文件
autoremove	自动删除不需要的包
search	查询软件
show	查询软件包详细信息
list	列出所有可安装软件

下面对这些命令进行详细说明。

update 命令用于从配置源下载包信息。update 命令应该总是在安装或审计包之前执行，下面是一个实例。

```
$ apt update
命中:1 https://community-packages.deepin.com/deepin apricot InRelease
```

```
命中 :2 https://community-packages.deepin.com/printer eagle InRelease
命中 :3 https://home-store-img.uniontech.com/appstore eagle InRelease
正在读取软件包列表 ... 完成
正在分析软件包的依赖关系树
正在读取状态信息 ... 完成
所有软件包均为最新。
```

upgrade 命令用于从配置源安装当前系统所有可升级的包。如果需要满足依赖关系，就安装新的包，但是不会删除现有的包。如果包的升级需要删除已安装的包，则不执行此包的升级。下面是一个实例。

```
$ apt upgrade
正在读取软件包列表 ... 完成
正在分析软件包的依赖关系树
正在读取状态信息 ... 完成
正在计算更新 ... 完成
下列软件包是自动安装的并且现在不需要了 :
deepin-pre-package libcups2-dev libcupsimage2-dev ……
```

full-upgrade 命令执行升级功能。如果需要将系统升级到新的版本，则会删除当前已安装的包，下面是一个实例。

```
$ apt full-upgrade
正在读取软件包列表 ... 完成
正在分析软件包的依赖关系树
正在读取状态信息 ... 完成
正在计算更新 ... 完成
下列软件包是自动安装的并且现在不需要了 :
deepin-pre-package libcups2-dev libcupsimage2-dev ……
```

install 命令用来安装一个或多个指定的包，下面是一个实例。

```
$ apt install apache2
正在读取软件包列表 ... 完成
正在分析软件包的依赖关系树
正在读取状态信息 ... 完成
下列软件包是自动安装的并且现在不需要了 :
deepin-pre-package libcups2-dev libcupsimage2-dev ……
将会同时安装下列软件 :
apache2-bin apache2-data apache2-utils ……
建议安装 :
apache2-doc apache2-suexec-pristine | apache2-suexec-custom
下列 " 新 " 软件包将被安装 :
apache2 apache2-bin apache2-data apache2-utils ……
升级了 0 个软件包，新安装了 8 个软件包，要卸载 0 个软件包，有 0 个软件包未被升级。
需要下载 2,182 kB 的归档。
解压缩后会消耗 7, 555 kB 的额外空间。
您希望继续执行吗 ?[Y/n]
```

remove 命令用来删除包，但是会保留包的配置文件，下面是一个实例。

```
$ apt remove apache2
下列软件包将被 " 卸载 ":
apache2
升级了 0 个软件包，新安装了 0 个软件包，要卸载 1 个软件包，有 0 个软件包未被升级。
```

```
解压缩后将会空出 613 kB 的空间。
您希望继续执行吗 ?[Y/n] Y
(正在读取数据库 ... 系统当前共安装有 195823 个文件和目录。)
正在卸载 apache2(2.4.40.2-1)...
正在处理用于 man-db(2.8.5-2) 的触发器 ...
```

purge 命令会在删除软件包的同时删除其配置文件，下面是一个实例。

```
$ apt purge apache2
下列软件包将被 " 卸载 ":
apache2*
升级了 0 个软件包，新安装了 0 个软件包，要卸载 1 个软件包，有 0 个软件包未被升级。
解压缩后将会空出 613 kB 的空间。
您希望继续执行吗 ? [Y/n] Y
(正在读取数据库 ... 系统当前共安装有 195823 个文件和目录。)
正在卸载 apache2 (2.4.40.2-1) ...
正在处理用于 man-db ( 2.8.5-2) 的触发器 ...(正在读取数据库 ... 系统当前共安装有 195773 个文件和
目录。)
正在清除 apache2 (2.4.40.2-1) 的配置文件 ...
正在处理用于 systemd (241.21-1+dde) 的触发器 ...
```

autoremove 命令用于自动删除安装的包，这些包是为了满足其他包的依赖关系而自动安装的。随着依赖关系的更改，可以删除不需要的包。下面是一个实例。

```
$ apt autoremove
正在读取软件包列表 ... 完成
正在分析软件包的依赖关系树
正在读取状态信息 ... 完成
下列软件包将被 " 卸载 ":
apache2-bin apache2-data apache2 -utils ……
升级了 0 个软件包，新安装了 0 个软件包，要卸载 51 个软件包，有 0 个软件包未被升级。
解压缩后将会空出 55.4 MB 的空间。
您希望继续执行吗 ?[Y/n]
```

search 命令用于在可用包列表中搜索给定的项并显示匹配到的内容，下面是一个实例。

```
$ apt search apache2
正在排序 ... 完成
全文搜索 ... 完成
apache2/ 未知，now 2.4.40.2-1 amd64[ 已安装 ]
Apache HTTP Server
apache2-bin/ 未知，now 2.4.40.2-1 amd64[ 已安装，自动 ]
Apache HTTP Server ( modules and other binary files)……
```

show 命令用于显示关于给定包的信息，包括它的依赖关系、安装和下载大小、包的来源、包内容的描述等。比如，在删除一个包或搜索需要安装的新包之前查看这些信息是很有帮助的。下面是一个实例。

```
$ apt show apache2
Package: apache2
Version: 2.4.40.2-1
Priority: optional
Section: httpd
Maintainer: Debian Apache Maintainers <debian-apache@lists.debian.org>
Installed-size: 613 kB ……
```

list 命令可以显示满足特定条件的包列表，默认列出所有的包，下面是一个实例。

```
$ apt list
zypper-common/ 未知，未知 1.14.11-1 all
zypper-doc/ 未知，未知 1.14.11-1 all
zypper/ 未知 1.14.11-1 amd64
zypper/ 未知 1.14.11-1 i386
zziplib-bin-dbgsym/ 未知 0.13.62-3.2 amd64
zziplib-bin-dbgsym/ 未知 0.13.62-3.2 i386
zziplib-bin/ 未知 0.13.62-3.2 amd64 ……
```

需要注意的是，apt 是高级包管理工具，apt show package 相当于 dpkg -L package，apt install package 相当于 dpkg -i package，因此在使用的时候能使用 apt 就不要使用 dpkg。

10.3 获取 deb 包

当管理内网统信 UOS 主机时，不能直接访问互联网，因此需要先用能访问外网的主机提取相关包，再利用 dpkg 安装这些软件包。下面以 apache2 为例讲解如何在外网提取软件包并在内网统信 UOS 主机上安装。

（1）首先卸载已经安装的包，以 apache2 包为例。

```
$ apt purge -y apache2 #会同时清除软件包和软件的配置文件
正在读取软件包列表 ... 完成
正在分析软件包的依赖关系树
正在读取状态信息 ... 完成
下列软件包是自动安装的并且现在不需要了:
apache2-bin apache2-data apache2-utils fbterm imageworsener libaprutil1-dbd-
sqlite3 libaprutil1-ldap libheif1 liblqr-1-0
libmaxminddb0 libqtermwidget5-0 libsmi2ldbl libutf8proc2 libwireshark-data
libwireshark11 libwiretap8 libwscodecs2 libwsutil9
libx86-1 qtermwidget5-data squashfs-tools xinit
使用 'sudo apt autoremove' 来卸载它 ( 它们 )。
下列软件包将被 " 卸载 ":
apache2*
升级了 0 个软件包，新安装了 0 个软件包，要卸载 1 个软件包，有 65 个软件包未被升级。
解压缩后将会空出 549 kB 的空间。
( 正在读取数据库 ... 系统当前共安装有 183931 个文件和目录。)
正在卸载 apache2 (2.4.40.1-1+dde) ...
正在处理用于 man-db (2.8.5-2) 的触发器 ...
( 正在读取数据库 ... 系统当前共安装有 183881 个文件和目录。)
正在清除 apache2 (2.4.40.1-1+dde) 的配置文件 ...
正在处理用于 systemd (241.16-1+dde) 的触发器 ...
```

（2）自动删除不需要的包，例如 apache2 删除后的依赖包。

```
$ apt autoremove -y
正在读取软件包列表 ... 完成
正在分析软件包的依赖关系树
正在读取状态信息 ... 完成
```

```
下列软件包将被"卸载":
  apache2-bin apache2-data apache2-utils fbterm imageworsener libaprutil1-dbd-sqlite3
libaprutil1-ldap libheif1 liblqr-1-0
  libmaxminddb0 libqtermwidget5-0 libsmi2ldbl libutf8proc2 libwireshark-data libwireshark11
libwiretap8 libwscodecs2 libwsutil9
  libx86-1 qtermwidget5-data squashfs-tools xinit
升级了 0 个软件包,新安装了 0 个软件包,要卸载 22 个软件包,有 65 个软件包未被升级。
解压缩后将会空出 102 MB 的空间。
(正在读取数据库 ... 系统当前共安装有 183715 个文件和目录。)
正在卸载 apache2-bin (2.4.40.1-1+dde) ...
正在卸载 apache2-data (2.4.40.1-1+dde) ...
正在卸载 apache2-utils (2.4.40.1-1+dde) ...
正在卸载 fbterm (1.7-4+b1) ...
...
正在处理用于 man-db (2.8.5-2) 的触发器 ...
正在处理用于 libc-bin (2.28.12-1+eagle) 的触发器 ...
```

(3)删除包缓存中的所有包。

```
$ apt clean
```

(4)检查包缓存是否已清空。

```
$ ls -l /var/cache/apt/archives/
总用量 4
-rw-r----- 1 root root    0 7月  26  2021 lock
drwx------ 2 _apt root 4096 7月  25 23:11 partial
```

(5)把包下载到缓存中。

```
$ apt install -d -y apache2  # 把包下载到缓存中而不安装
正在读取软件包列表 ... 完成
正在分析软件包的依赖关系树
正在读取状态信息 ... 完成
将会同时安装下列软件:
  apache2-bin apache2-data apache2-utils libaprutil1-dbd-sqlite3 libaprutil1-ldap
建议安装:
  apache2-doc apache2-suexec-pristine | apache2-suexec-custom
下列"新"软件包将被安装:
  apache2 apache2-bin apache2-data apache2-utils libaprutil1-dbd-sqlite3 libaprutil1-
ldap
升级了 0 个软件包,新安装了 6 个软件包,要卸载 0 个软件包,有 65 个软件包未被升级。
需要下载 1,799kB 的归档。
解压缩后会消耗 6,793kB 的额外空间。
获取:1 https://cdn-home-packages.chinaUOS.com/home plum/main amd64 libaprutil1-dbd-
sqlite3 amd64 1.6.1-4 [18.7kB]
获取:2 https://cdn-home-packages.chinaUOS.com/home plum/main amd64 libaprutil1-ldap
amd64 1.6.1-4 [16.8kB]
获取:3 https://cdn-home-packages.chinaUOS.com/home plum/main amd64 apache2-bin amd64
2.4.40.1-1+dde [1,241kB]
获取:4 https://cdn-home-packages.chinaUOS.com/home plum/main amd64 apache2-data all
2.4.40.1-1+dde [165kB]
获取:5 https://cdn-home-packages.chinaUOS.com/home plum/main amd64 apache2-utils amd64
2.4.40.1-1+dde [171kB]
获取:6 https://cdn-home-packages.chinaUOS.com/home plum/main amd64 apache2 amd64 2.4.
40.1-1+dde [186kB]
```

```
已下载 1,799kB，耗时 22 秒 (80.4kB/s)
于"仅下载"模式中下载完毕
```

（6）创建文件夹并从缓存复制到指定目录。

```
$ mkdir Desktop/apache2 #在桌面创建相关文件夹
$ cp/var/cache/apt/archives/*.deb/home/user/Desktop/apache2  # 复制到桌面的文件夹
```

（7）安装。

```
$ dpkg -i /home/user/Desktop/apache2/*.deb #安装软件包
正在选中未选择的软件包 apache2。
(正在读取数据库 ... 系统当前共安装有 182803 个文件和目录。)
准备解压 apache2_2.4.40.1-1+dde_amd64.deb  ...
正在解压 apache2 (2.4.40.1-1+dde) ...
正在选中未选择的软件包 apache2-bin。
准备解压 apache2-bin_2.4.40.1-1+dde_amd64.deb ...
正在解压 apache2-bin (2.4.40.1-1+dde) ...
正在选中未选择的软件包 apache2-data。
准备解压 apache2-data_2.4.40.1-1+dde_all.deb  ...
正在解压 apache2-data (2.4.40.1-1+dde) ...
正在选中未选择的软件包 apache2-utils。
准备解压 apache2-utils_2.4.40.1-1+dde_amd64.deb  ...
正在解压 apache2-utils (2.4.40.1-1+dde) ...
正在选中未选择的软件包 libaprutil1-dbd-sqlite3:amd64。
准备解压 libaprutil1-dbd-sqlite3_1.6.1-4_amd64.deb  ...
正在解压 libaprutil1-dbd-sqlite3:amd64 (1.6.1-4) ...
正在选中未选择的软件包 libaprutil1-ldap:amd64。
准备解压 libaprutil1-ldap_1.6.1-4_amd64.deb  ...
正在解压 libaprutil1-ldap:amd64 (1.6.1-4) ...
正在设置 apache2-data (2.4.40.1-1+dde) ...
正在设置 apache2-utils (2.4.40.1-1+dde) ...
正在设置 libaprutil1-dbd-sqlite3:amd64 (1.6.1-4) ...
正在设置 libaprutil1-ldap:amd64 (1.6.1-4) ...
正在设置 apache2-bin (2.4.40.1-1+dde) ...
正在设置 apache2 (2.4.40.1-1+dde) ...
正在处理用于 systemd (241.16-1+dde) 的触发器 ...
正在处理用于 man-db (2.8.5-2) 的触发器 ...
```

10.4 源代码包安装

并不是所有软件都有对应平台的安装包，因为处理器的规格有所不同。下面以 nginx 为例讲解如何从源代码安装软件。当发现没有找到相关命令时可以尝试使用 apt 安装，如用 apt 安装，后续将用到 wget 命令：apt install wget。

（1）下载源代码，此处以 nginx 包为例。

```
$ wgethttp://nginx.org/download/nginx-1.14.2.tar.gz
正在解析主机 nginx.org (nginx.org)... 52.58.199.22, 3.125.197.172, 2a05:d014:edb:5704::6, ...
正在连接 nginx.org (nginx.org)|52.58.199.22|:80... 已连接。
已发出 HTTP 请求，正在等待回应... 200 OK
长度：1015384 (992K) [application/octet-stream]
```

```
正在保存至： "nginx-1.14.2.tar.gz"

nginx-1.14.2.tar.gz          100%[==============================================>]
991.59K   194KB/s   用时 5.2s

2021-07-26 01:35:00 (189 KB/s) - 已保存 "nginx-1.14.2.tar.gz" [1015384/1015384])
```

（2）解压 nginx 到临时文件夹。

```
$ tar xzvf nginx-1.14.2.tar.gz -C /tmp
nginx-1.14.2/
nginx-1.14.2/auto/
nginx-1.14.2/conf/
nginx-1.14.2/contrib/
nginx-1.14.2/src/
nginx-1.14.2/configure
nginx-1.14.2/LICENSE
nginx-1.14.2/README
……
```

（3）切换至解压后的目录。

```
$ cd /tmp/nginx-1.14.2
```

（4）配置文件。

```
$ ./configure --help
./configure --prefix=/usr/local/nginx --without-http_rewrite_module --without-http_
gzip_module
checking for OS
 + Linux 5.7.7-amd64-desktop x86_64
checking for C compiler ... found
 + using GNU C compiler
 + gcc version: 8.3.0 (Uos 8.3.0.3-3+rebuild)
checking for gcc -pipe switch ... found
checking for -Wl,-E switch ... found
……
```

（5）开始编译。

```
$ make && make install
make -f objs/Makefile
make[1]: 进入目录 /tmp/nginx-1.14.2?
cc -c -pipe  -O -W -Wall -Wpointer-arith -Wno-unused-parameter -Werror -g  -I src/
core -I src/event -I src/event/modules -I src/os/unix -I objs \
        -o objs/src/core/nginx.o \
        src/core/nginx.c
……
```

（6）运行 nginx。

```
$ /usr/local/nginx/sbin/nginx
```

（7）查看 nginx 运行状态。

```
netstat -upant | grep nginx
tcp        0      0 0.0.0.0:880        0.0.0.0:*       LISTEN      62476/nginx: master
```

第 11 章

进程管理与系统监控

统信 UOS 上所有运行的程序都可以称为一个进程，例如每个用户任务、每个系统管理任务。进程是一个程序的执行过程。本章主要介绍系统状态查询、进程管理、恢复文件等内容。掌握这些内容可以为用户了解系统运行状况提供可靠的信息。用户及时地进行系统的进程管理和系统监控工作是保证系统稳健的必要手段。

11.1 系统状态查询

统信 UOS 是一个高效的操作系统。对统信 UOS 有基本的了解后，需要了解一些实用的查询系统状态的命令。

1. 查询系统信息

uname（unix name）命令可查看系统内核版本，下面对其进行介绍。

（1）显示操作系统信息。可显示计算机以及操作系统的相关信息，下面是一个实例。

```
$ uname
Linux
```

（2）详细显示操作系统信息，下面是一个实例。

```
$ uname -a
Linux UOS-PC 5.10.36-amd64-desktop #2 SMP Mon Apr 26 11:56:35 CST 2021 x86_64 GNU/
Linux
```

（3）输出内核发行号，下面是一个实例。

```
$ uname -r
5.10.36-amd64-desktop
```

2. 查看 / 修改主机名

hostname 命令可以暂时修改主机名，用 logout 命令退出并重新登录即可生效，但不是永久生效，重启后即恢复。查看 / 修改主机名的主要命令和功能如表 11-1 所示。

表 11-1　查看 / 修改主机名的主要命令和功能

命令	功能
hostname	查看主机名
hostname UOSsystem	临时修改主机名
vim /etc/hostname	永久修改主机名
hostnamectl set-hostname UOSsystem	修改主机名及相关配置

3. 查看最近用户登录信息

last 命令用于显示用户最近登录信息。lastlog 命令用于显示系统中所有用户最近一次登录信息，lastlog 文件在每次有用户登录时被查询。下面通过实例说明。

（1）查看最近登录的用户，下面是一个实例。

```
$ last
UOStty1:0Sun Jul 25 17:17gone - no logout
reboot system boot 5.10.36-amd64-de Sun Jul 25 17:16 still running
UOS tty1:0Sun Jul 25 17:11 - crash (00:05)
reboot system boot 5.10.36-amd64-de sun Jul 25 17:10 still running ...
```

（2）查看所有用户的最近登录情况，下面是一个实例。

```
$lastlog
用户名端口来自 最后登录时间
root** 从未登录过 **
daemon ** 从未登录过 **
bin ** 从未登录过 **
...
```

11.2 进程管理

执行中的程序称作进程。程序作为执行文件一般存放在硬盘中，运行时被加载到内存成为进程，进程会被动态分配系统资源、内存、安全属性和与之相关的状态。可以有多个进程关联到同一个程序，且同时执行不会互相干扰。操作系统会有效地管理和追踪所有运行的进程。

统信 UOS 中进程有如下 5 种状态。

- R——Runnable（运行）：正在运行或在运行队列中等待。
- S——Sleeping（中断）：休眠中、受阻、在等待某个条件的形成或接收到信号。
- D——Uninterruptible Sleep(不可中断)：收到信号不唤醒和不可运行，进程必须等待直到有中断发生。
- Zombie（僵死）：进程已终止，但进程描述还在，直到父进程调用 wait4() 系统调用后释放。
- Traced or Stopped(停止)：进程收到 SIGSTOP、SIGSTP、SIGTOU 信号后停止运行。

状态后缀的意义如下。

- <：优先级高的进程。
- N：优先级低的进程。
- L：有些页被锁进内存。
- s：进程的领导者（在它之下有子进程）。
- l：该进程包含多个线程。
- +：位于后台的进程组。

11.2.1 进程查看

ps (process status) 命令用于显示当前进程的状态，类似于 Windows 的任务管理器。ps 命令语法格式如下。

```
ps 选项
```

ps 命令的常见选项及功能如表 11-2 所示。

表 11-2　ps 命令的常见选项及功能

选项	功能
-a	所有关联到终端的进程，如果同时使用 -x 则代表所有进程
-u	列出进程的用户
-e	显示所有进程
-h	不显示标题
-l	采用详细的格式来显示进程
-r	只显示当前终端上正在运行的进程
-x	显示所有进程，不以终端来区分

对于统信 UOS 下显示系统进程的命令 ps，最常用的有 ps -ef 和 ps aux。这两个到底有什么区别呢？两者没太大差别。讨论这个问题，要追溯到 UNIX 系统中的两种风格：System Ⅴ风格和 BSD 风格。ps aux 最初用在 BSD 风格中，而 ps -ef 用在 System Ⅴ风格中，两者输出略有不同。现在的大部分 Linux 系统都是可以同时使用这两种风格的。ps -ef 用标准格式显示进程，ps aux 用 BSD 格式显示进程。ps aux 返回列名及含义如表 11-3 所示。

表 11-3　ps aux 返回列名及含义

列名	含义
USER	该进程是哪个用户运行的
PID	进程 ID
%CPU	占用的 CPU 百分比
%MEM	占用的内存百分比
VSZ	占用的虚拟内存（KB）
RSS	占用的物理内存大小（KB）
TTY	在哪个终端运行： tty1-tty6 表示本地字符界面终端； pts/0~255 表示虚拟终端，一般是远程连接的终端； ？表示不属于任何终端，是由系统启动的
STAT	进程状态
START	进程的启动时间
TIME	进程占用 CPU 的运算时间，注意不是系统时间
COMMAND	所执行的命令

下面是一个实例。

```
$ ps aux
```

```
USER PID %CPU %MEM VSZ RSS TTY STAT START TIME COMMAND
root1 0.3 0.5 165912 10628 ? Ss 00:25 0:13 /sbin/init splash
root 2 0.0 0.0 00 ? Ss 00:25 0:00 [kthreadd]
……
```

11.2.2 显示内存状态

free 命令用于显示内存状态，包括实体内存、虚拟的交换文件内存、共享内存区段以及系统核心使用的缓冲区等，其语法格式如下。

```
free 选项
```

free -m 命令以 MB 为单位显示（默认以 KB 为单位显示），下面是一个实例。

```
$ free -m
total used free shared buff/cache available
Mem:1985 1064 325 38 594 723
Swap: 3070 410 2669
```

free -t 命令显示内存总和，下面是一个实例。

```
$ free -t
total used free shared buff/cache available
Mem: 2032720 1090332 333356 39096 609032 740260
Swap: 3144700 410652 2734048
Total: 5177420 1500984 3067404
```

free 命令返回列名及含义如表 11-4 所示。

表 11-4 free 命令返回列名及含义

列名	含义
total	物理内存总量
used	已用物理内存量
free	空闲物理内存量
shared	被共享使用的物理内存大小
buff/cache	硬盘缓存的大小
available	可以被应用程序使用的物理内存大小，available = free + buff/cache

11.2.3 系统监视器

top 命令能显示实时的进程列表，还能实时监视系统资源，包括内存、交换分区和 CPU 的使用率等。当运行 top 命令后，输出结果的各行含义介绍如下。

第一行：系统当前时间、系统运行时间、当前用户登录数、CPU、平均负载（这里有 3 个数值，分别是系统最近 1 分钟、5 分钟、15 分钟的平均负载）。

第二行：total 表示进程总数、running 表示正在运行的进程数、sleeping 表示睡眠的进程数、stopped 表示停止的进程数、zombie 表示僵尸进程数。

第三行：CPU 使用率。CPU 使用率及含义如表 11-5 所示。

表 11-5 CPU 使用率及含义

列名	含义
%us	用户态占用的 CPU 时间百分比
%sy	系统态占用的 CPU 时间百分比
%ni	调整过用户态优先级的进程的 CPU 时间占比
%id	空闲的 CPU 时间占比
%wa	等待 I/O 完成的 CPU 时间占比
%hi	CPU 处理硬中断的时间占比
%si	CPU 处理软中断的时间占比
%st	当统信 UOS 在虚拟机中运行时，等待 CPU 资源的时间占比

通常 %id 值可以反映一个系统 CPU 的闲忙程度。

第四、五行：物理内存和 swap 使用情况。

第六行：进程详细信息，如表 11-6 所示。

表 11-6 进程详细信息

列名	含义
PID	进程 ID
USER	运行进程的用户
PR	从系统内核角度看的进程调度优先级
NI	进程的 nice 值，即从用户空间角度看的进程优先级。值越小，优先级越高
VIRT	进程申请使用的虚拟内存量
RES	进程使用的物理内存量
SHR	进程使用的共享内存量
S	进程状态
%CPU	CPU 占用百分比
%MEM	物理内存占用百分比
TIME+	进程创建后至今占用的 CPU 时间
COMMAND	运行进程使用的命令

top 命令运行后，常用快捷键及其功能如表 11-7 所示。

表 11-7 top 命令常用快捷键及其功能

快捷键	功能
H	查看帮助信息
Q	退出 top
K	删除进程
N	按照 PID 对进程排序
M	按 %MEM 对进程排序
P	按 %CPU 对进程排序
T	按 TIME+ 对进程排序

11.2.4 终止进程

kill 命令用于删除执行中的程序或作业。kill 命令可将指定的信息送至程序。预设的信息为 SIGTERM(15)，可将指定程序终止。若仍无法终止指定程序，可使用 SIGKILL(9) 信息尝试强制删除程序。程序或作业的编号可利用 ps 命令或 jobs 命令查看。使用 kill -l 命令列出所有可用信号，下面是一个实例。

```
$ kill -l
1) SIGHUP 2) SIGINT 3) SIGQUIT 4) SIGILL 5) SIGTRAP
6) SIGABRT 7) SIGBUS 8) SIGFPE 9) SIGKILL 10) SIGUSR1
11) SIGSEGV 12) SIGUSR2 13) SIGPIPE 14) SIGALRM 15) SIGTERM
16) SIGSTKFLT 17) SIGCHLD 18) SIGCONT 19) SIGSTOP 20) SIGTSTP
21) SIGTTIN 22) SIGTTOU 23) SIGURG 24) SIGXCPU 25) SIGXFSZ
26) SIGVTALRM 27) SIGPROF 28) SIGWINCH 29) SIGIO 30) SIGPWR
31) SIGSYS 34) SIGRTMIN 35) SIGRTMIN+1 36) SIGRTMIN+2 37) SIGRTMIN+3
38) SIGRTMIN+4 39) SIGRTMIN+5 40) SIGRTMIN+6 41) SIGRTMIN+7 42) SIGRTMIN+8
43) SIGRTMIN+9 44) SIGRTMIN+10 45) SIGRTMIN+11 46) SIGRTMIN+12 47) SIGRTMIN+13
48) SIGRTMIN+14 49) SIGRTMIN+15 50) SIGRTMAX-14 51) SIGRTMAX-13 52) SIGRTMAX-12
53) SIGRTMAX-11 54) SIGRTMAX-10 55) SIGRTMAX-9 56) SIGRTMAX-8 57) SIGRTMAX-7
58) SIGRTMAX-6 59) SIGRTMAX-5 60) SIGRTMAX-4 61) SIGRTMAX-3 62) SIGRTMAX-2
63) SIGRTMAX-1 64) SIGRTMAX
```

kill 命令常用信号及其功能如表 11-8 所示。

表 11-8 kill 命令常用信号及其功能

信号	功能
1（HUP）	重新加载进程
9（KILL）	强制删除进程
15（TERM）	正常停止一个进程

11.2.5 前台进程和后台进程

统信 UOS 中的进程分为前台进程和后台进程，这两类进程的概念如下。

- 前台进程：用户使用的有控制终端的进程，一个命令执行后，独占 Shell 终端，并拒绝其他输入。
- 后台进程：又称为守护进程，不受终端控制，是运行在后台的一种特殊进程。它独立于控制终端并且周期性地执行某种任务或等待处理某些发生的事件。

前台进程和后台进程跟系统任务相关的命令与功能如表 11-9 所示。

表 11-9 前台进程和后台进程跟系统任务相关的命令与功能

命令	功能
Ctrl+Z	将当前正在运行的命令放入后台并挂起（暂停）
Ctrl+C	终止前台进程
&	将当前执行的命令放入后台并继续运行
jobs	查看后台进程
fg % 作业号	前台恢复运行
bg % 作业号	后台恢复运行
kill % 作业号	给对应的进程发送终止信号

11.3 恢复文件

lsof 命令用于查看进程打开的文件或打开文件的进程，可以找回 / 恢复删除的文件，是十分方便的系统监控工具，语法格式如下。

```
lsof 选项 参数
```

lsof 命令的常用选项及功能如表 11-10 所示。

表 11-10 lsof 命令的常用选项及功能

选项	功能
-p 进程号	列出指定进程号所打开的文件
-u	列出 UID 进程详情
-i 条件	列出符合条件的进程（4、6、协议、: 端口、@ip）

下面列举一些常见的使用方法。

（1）查看被 PID 为 1 的进程打开的所有文件。

```
$ lsof -p 1
systemd 1 root 133u unix 0x000000001d279d90 0t0
```

```
35918 /run/systemd/journal/stdout type=STREA
System 1 root 134u unix ox0000000025a48703 0t0
359241 /run/systemd/journal/stdout type=STREA
……
```

（2）查看 root 用户的进程打开的所有文件。

```
$ lsof -uroot
lsof 4833 root 4r FIFO 0,12 0t0 129733 pipe
lsof 4833 root 7w FIFO 0,12 0t0 129734 pipe
……
```

（3）查看不是 root 用户的进程打开的所有文件（在用户名前加“^”是取反的意思）。

```
$ lsof -u^root
deepin-te 3234 3256 deepin-:d UOS 17r REG
sr/share/icons/bloom/icon-theme.cache
deepin-te 3234 3256 deepin-:d UOS 18u CHR
ev/ptmx
……
```

（4）查看所有打开 22 端口的进程。

```
$ lsof -i:22
COMMAND PID USER FD TYPE DEVICE SIZE/OFF NODE NAME
sshd 761 root 3u IPV4 22655 0t0 TCP *:ssh (LISTEN)
sshd 761 root 4u IPV6 22657 0t0 TCP *:ssh (LISTEN)
```

当统信 UOS 计算机受到入侵时，日志文件常被删除，以掩盖攻击者的踪迹；管理错误也可能导致意外删除重要的文件，比如在清理旧日志时，意外地删除了数据库的活动事务日志。这时可以通过 lsof 命令来恢复这些文件。

当进程打开了某个文件时，只要该进程保持打开该文件，即使将其删除，它依然存在于硬盘中。这意味着进程并不知道文件已经被删除，它仍然可以向打开该文件时提供给它的文件描述符进行读取和写入。除了该进程之外，这个文件是不可见的，因为已经删除了其相应的目录索引节点。下面是相关步骤。

（1）利用 lsof |grep 文件名命令查询打开过的文件描述符，以被删除的 file 文件为例。

```
$ lsof |grep /home/user/tmp/file # 利用 lsof 查询 file 文件的描述符
syslogd 1283 root 2w REG 3,3 5381017 1773647 /home/user/tmp/file (deleted)
```

（2）获取信息后可以在“/proc/<fid>/fd/ 描述符”路径下找到文件，通过第一步可以得出 1283 是 fid，文件描述符是 2，那么可以切换到 /proc 下找回这个文件，利用 cp 命令将其复制到其他地方。

```
$ cp /proc/1283/fd/2/home/user/file  # 切换到 /proc 下，将被删除的文件复制到主目录中
```

第12章 服务与计划任务

服务（Service）的本质就是进程，只是在后台运行，通常会监听某个端口，等待其他程序的请求，比如mysqld数据库服务、sshd防火墙等，因此又称为守护进程。

计划任务是系统的常见功能。利用计划任务功能，可以将任何脚本、程序或文档安排在某个最方便的时间运行。计划任务在每次系统启动的时候启动并在后台运行。

当需要在服务器上定时执行一些重复性的事件时，可以通过计划任务程序，在某个特定的时间运行准备好的脚本、批处理文件夹、程序或命令。

12.1 一号进程 systemd

systemd 是一个专用于 Linux 系统的系统服务管理器。当作为启动进程（PID=1）运行时，它将初始化系统，也就是启动并维护各种用户空间的服务（使用 pstree 命令查看）。systemd 是一种新的 Linux 系统服务管理器，它替换了 init 系统，能够管理系统的启动过程和一些系统服务，一旦被启动，就将监管整个系统。init 一次一个串行地启动进程，systemd 则并行地启动系统服务进程，并且最初仅启动确实被依赖的那些服务，极大地缩短了系统引导的时间。systemd 对应的进程管理命令是 systemctl。

如果要确定统信 UOS 有没有使用 systemd，可以用下面的命令来检查。

```
$ systemctl --version
```

systemd 是系统的初始化进程，是其他进程的父进程，可以用 pstree 命令来验证。

下面通过实例来介绍 systemctl 命令可实现的功能。

（1）查看所有系统服务。

```
$ systemctl list-units
UNIT LOAD ACTIVE SUB DESCRIPTION
proc-sys-fs-binfmt_misc.automount loaded active running Arbitrary Executable File
sys-devices-pci00o0:00-0000:00:03.0-ata3-host2-target2:0:0-2:0:0:0-block-sda-sda1.
device loaded active plsys-devices-pci0000:00-0000:00:03.0-ata3-host2-target2:0:0-
2:0:0:0-block-sda-sda2.device loaded active pl
```

（2）单独查看指定服务。

```
$ systemctl list-units -all | grep ssh
ssh.service loaded active
running OpenBSD Secure Shell server
```

12.2 设置系统运行级别

统信 UOS 任何时候都运行在一个指定的运行级别上，并且不同运行级别的程序和服务都不同，所要完成的工作和所要达到的目的也不同。统信 UOS 设置了如下运行级别，并且系统可以在这些运行级别之间进行切换，以完成不同的工作。

- 0：所有进程将被终止，计算机将有序停止，关机时系统处于这个运行级别。
- 1：单用户模式。用于系统维护，只有少数进程运行，同时所有服务也不启动。
- 2：多用户模式。和运行级别 3 一样，只是网络文件系统（Network File System，NFS）服务没被启动。
- 3：多用户模式。允许多用户登录系统，是系统默认的启动级别。
- 4：留给用户自定义的运行级别。
- 5：多用户模式，并且在系统启动后运行 X Window，给出一个图形化的登录窗口。
- 6：所有进程被终止，系统重新启动。

运行级别保存在文件 /etc/inittab 中，可以通过 vi 命令修改运行级别。下面通过实例来介绍运行级别的相关操作。

（1）查看默认运行级别。

```
$ systemctl get-default
graphical.target
```

（2）启动运行等级 3。

```
$ systemctl isolate runlevel3.target
```

（3）图形模式。

```
$ systemctl isolate runlevel5.target
```

（4）查看所有类型化指标。

```
$ systemctl list-unit-files --type target | grep runlevel
runlevel0.target                          disabled
runlevel1.target                          static
runlevel2.target                          static
runlevel3.target                          static
runlevel4.target                          static
runlevel5.target                          indirect
runlevel6.target                          disabled
```

（5）设置默认启动到图形界面。

```
$ systemctl set-default graphical.target
```

（6）设置默认启动到多用户字符界面。

```
$ systemctl set-default multi-user.target
```

12.3 systemctl 控制服务

统信 UOS 服务管理有两种命令，分别为 service 命令和 systemctl 命令。其中 service 命令是去 /etc/init.d 目录下执行相关程序，实例如下。

```
# service 命令启动 redis 脚本文件
service redis start
# 直接启动 redis 脚本文件
/etc/init.d/redis start
# 开机自启动
update-rc.d redis defaults
```

redis 脚本文件需要自己编写。systemd 对应的进程管理命令是 systemctl，systemctl 命令兼容 service，即 systemctl 命令也会去 /etc/init.d 目录下查看和执行相关程序，实例如下。

```
systemctl redis start
systemctl redis stop
# 开机自启动
systemctl enable redis
```

systemctl 服务相关的命令如表 12-1 所示。

表 12-1 systemctl 服务相关的命令

命令	功能
enable	设置服务开机启动
disable	取消开机启动
status	查看状态
start	启动服务
stop	停止服务
restart	重启服务
is-enable	检查服务是否开机启动
mask	屏蔽服务，永远不能启动
unmask	取消屏蔽，启动服务

下面以 ssh.service 为例来介绍这些命令。

（1）设置服务开机启动。

```
$ systemctl enable ssh.service
Synchronizing state of ssh.service with SysV service script with /lib/systemd/
systemd-sysv-install.
Executing: /lib/systemd/systemd-sysv-install enable ssh
Created symlink /etc/systemd/system/sshd.service - /liblsystemd/system/ssh.service.
Created symlink /etc/systemd/system/multi-user.target.wants/ssh.service _ /lib/
systemd/system/ssh.service.
```

（2）取消开机启动。

```
$ systemctl disable ssh.service
Synchronizing state of ssh.service with SysV service script with /lib/systemd/
systemd-sysv-install.
Executing: /lib/systemd/systemd-sysv-install disable ssh
insserv: warning: current start runlevel(s)(empty) of script 'ssh' overrides LSB
defaults (2 3 4 5).
insserv: waning: current stop runlevel(s) (2 3 4 5) of script 'ssh' overrides LSB
defaults(empty).
Removed /etc/systemd/ system/sshd. service.
Removed /etc/systemd/system/multi-user.target.wants/ssh.service.
```

（3）查看状态。

```
$ systemctl status crond
$ systemctl status ssh.service
ssh.service - OpenBSDSecure shell server
Loaded: loaded (/lib/systemd/system/ssh.service;disabled; vendor preset: enabled)
Active: active (running) since Mon 2021-07-26 17:36:07 CST; 5h 33min ago
Docs: man:sshd(8)
man:sshd_config(5)
Main PID:733 (sshd)
Tasks: 1 (limit: 2282)
```

```
Memory: 3.3M
CGroup: /system.slice/ssh.service
 └─733 /usr/sbin/sshd -D

7月 26 17:36:06 UOS-PC systemd[1]: Starting OpenBSD Secure Shell server...
7月 26 17:36:07 UOS-PC sshd[733]: Server listening on 0.0.0.0 port 22.
7月 26 17:36:07 UOS-Pc sshd[733]: Server listening on :: port 22.
7月 26 17:36:07 UOS-PC systemd[1]: Started OpenBSD Secure Shell server.
```

（4）启动服务。

```
$ systemctl start ssh.service
```

（5）停止服务。

```
$ systemctl stop ssh.service
```

（6）重启服务。

```
$ systemctl restart ssh.service
```

（7）检查服务是否开机启动。

```
$ systemctl is-enabled ssh.service
Disabled
```

（8）屏蔽服务，永远不能启动。

```
$ systemctl mask ssh.service
Created symlink /etc/systemd/system/ssh.service . /dev/null.
```

（9）取消屏蔽，启动服务。

```
$ systemctl unmask ssh.service
Removed /etc/systemd/system/ssh.service.
```

12.4 SSH 远程及 SCP 远程复制

SSH（Secure Shell）是专门为远程登录提供的一个安全性协议。想要使用 SSH 服务，需要安装相应的服务器端和客户端软件，软件安装成功以后就可以使用 SSH 命令了，可以通过远程登录操作远程的服务器。

SCP（Secure Copy）是基于 SSH 进行远程文件复制的命令，比如把写的代码远程复制到服务器，需要保证服务器端和客户端安装了相应的 SSH 软件。

SSH 分为客户端 openssh-client 和服务器端 openssh-server。如果想通过命令远程控制统信 UOS，首先需要安装 openssh-server，命令如下。

```
$ apt install openssh-server
```

安装完毕后可以在其他主机下通过 SSH 管理软件或者命令行的形式控制统信 UOS。如在 Windows 下一般使用 PuTTY 进行远程管理，操作方式如图 12-1 所示。

单击“Open”连接主机，提示输入用户名和密码，远程登录成功后即可通过命令控制主机，如图 12-2 所示。

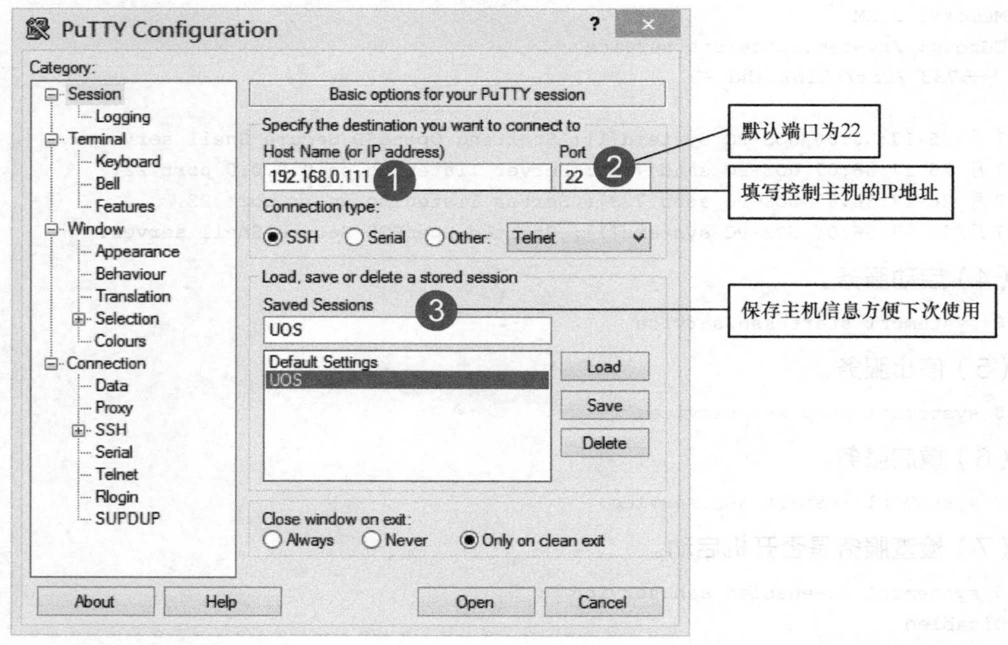

图 12-1　PuTTY 远程管理配置

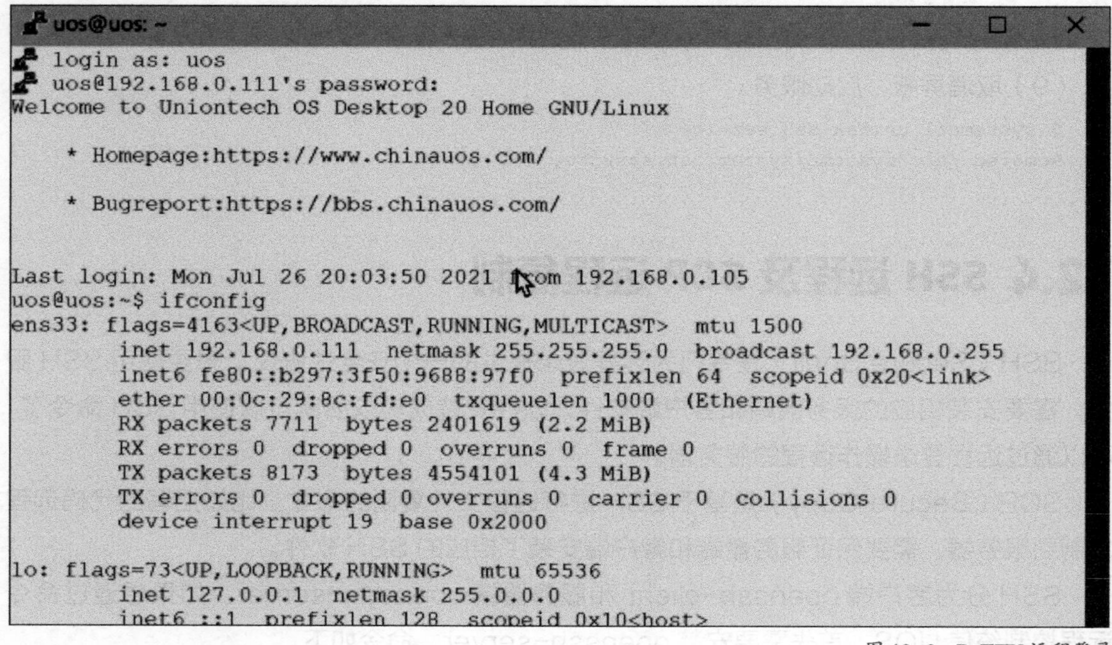

图 12-2　PuTTY 远程登录

在使用 Linux 或者 macOS 时要想控制统信 UOS 主机，可以在终端直接通过 ssh 命令控制，语法格式如下。

```
$ ssh 用户名@主机IP地址
```

输入密码后按 Enter 键即可通过命令远程访问统信 UOS 主机，如图 12-3 所示。

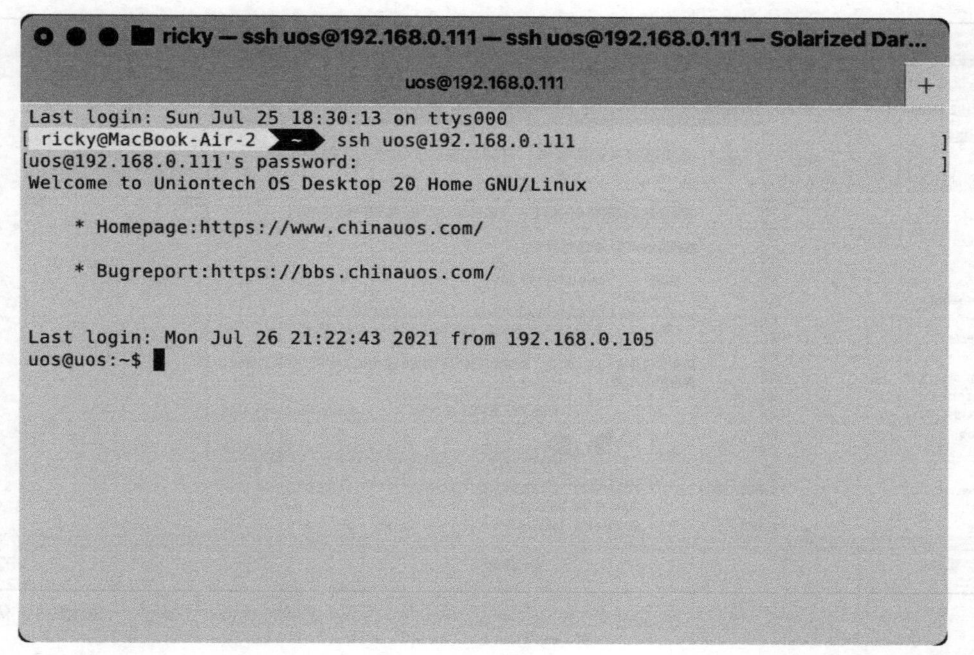

图 12-3 通过 ssh 远程访问主机

要想从本机远程复制文件到统信 UOS 主机上，可以通过 SCP 连接安装了 openssh-server 的统信 UOS 主机。Windows 一般使用 Winscp 来进行远程管理，其配置如图 12-4 所示。

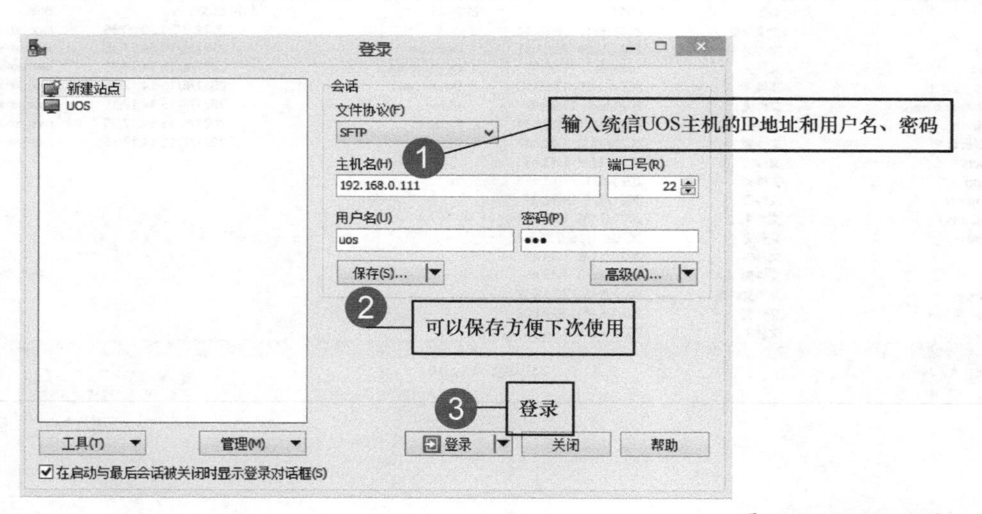

图 12-4 Winscp 配置

单击“登录”后，在弹出的图 12-5 所示的对话框中，单击“是”信任该主机密钥。

至此就可以远程访问统信 UOS 主机的目录了，如图 12-6 所示，可以将本地文件上传至主机或者从主机下载文件至本地。

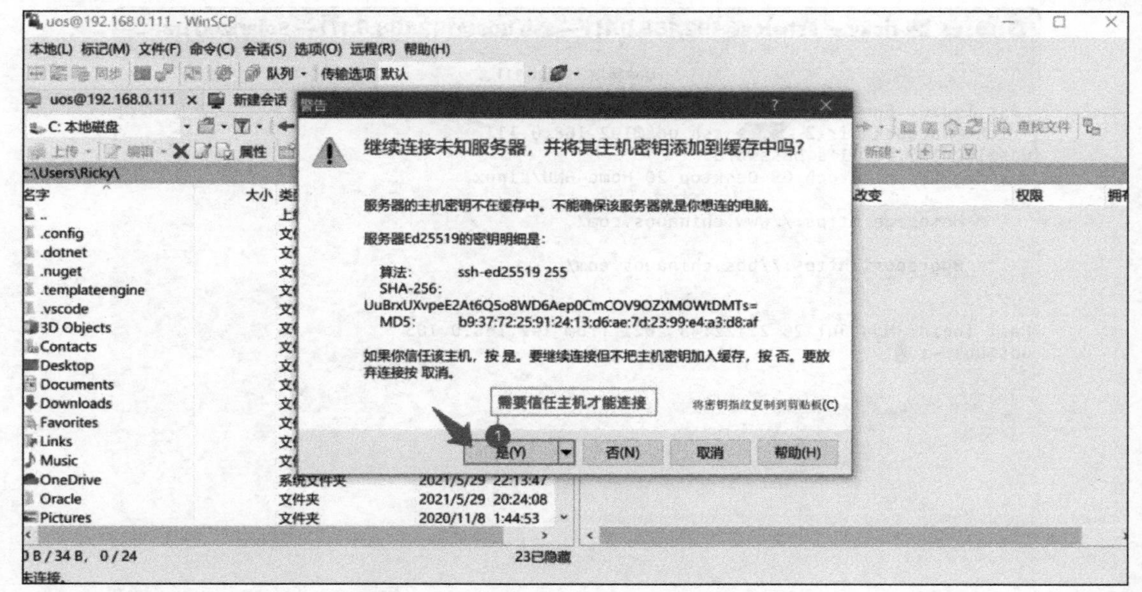

图 12-5 信任主机

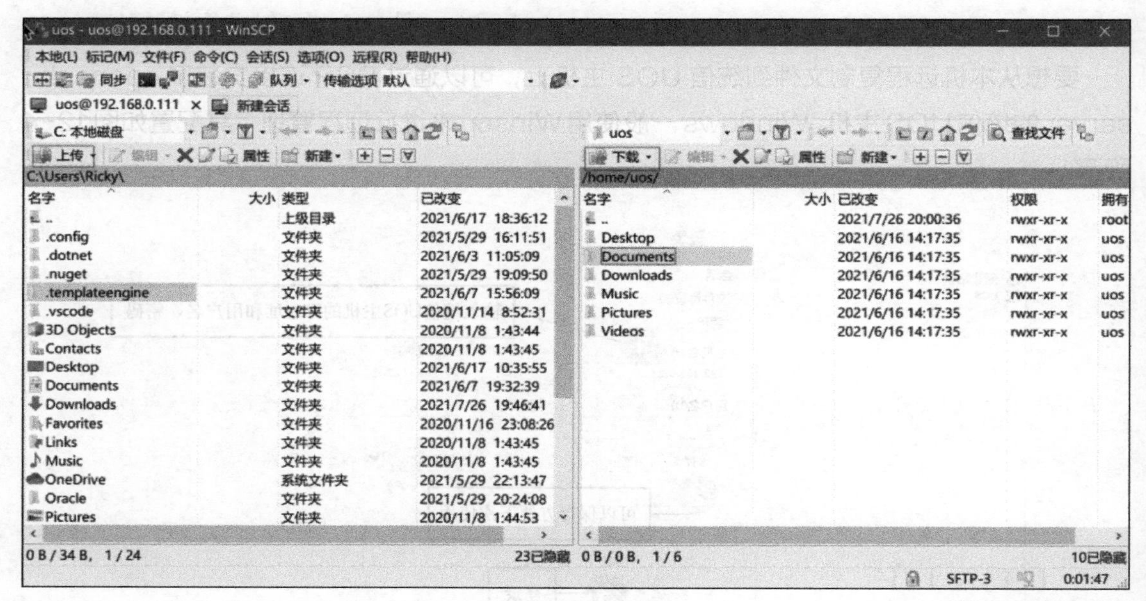

图 12-6 远程访问

12.5 免密码登录

若使用 Windows 系统的主机访问统信 UOS 主机，用户在 Windows 主机上可通过 PuTTY Key Generator 生成密钥，实现免密码登录。

1. 生成公钥和私钥

在 Windows 端生成公钥和私钥，单击“Generate”开始生成，如图 12-7 所示。

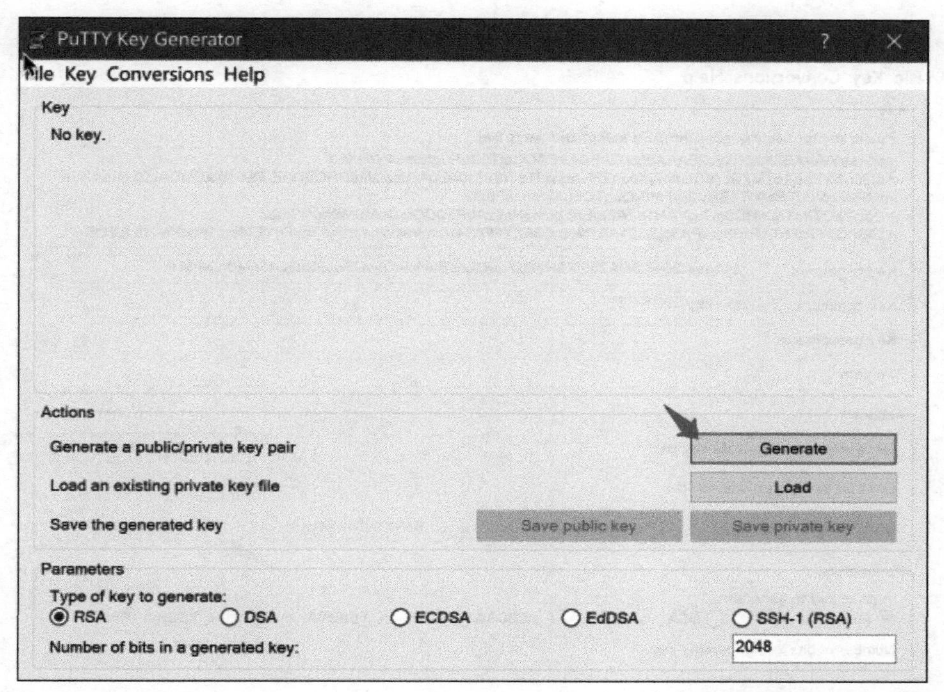

图 12-7 在 Windows 端生成公钥和私钥

在生成过程中，在进度条下面的空白处随机单击几下，以产生随机数，如图 12-8 所示。

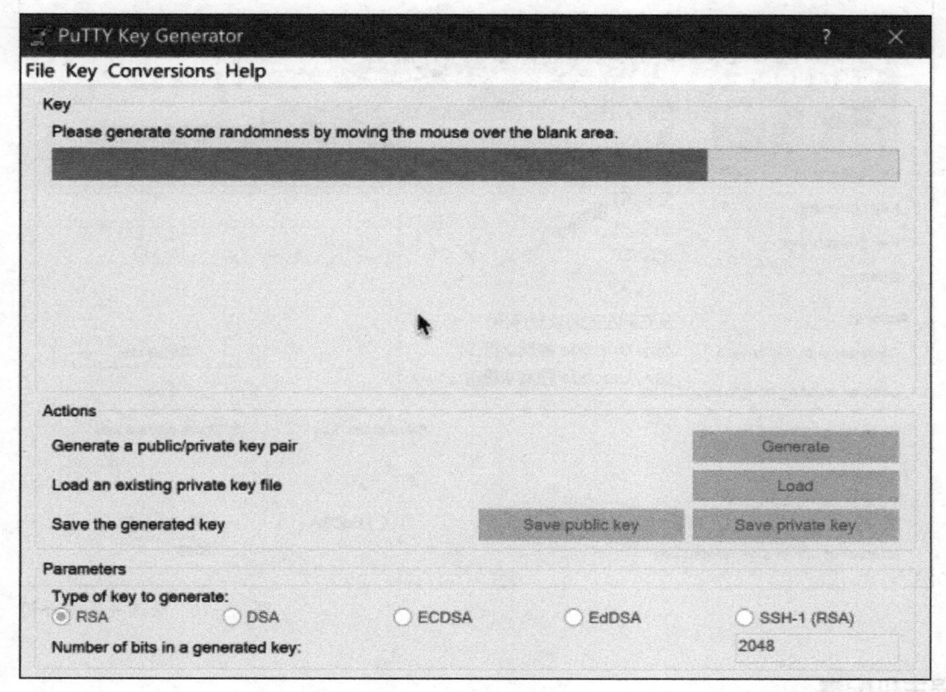

图 12-8 生成过程中产生随机数

生成完毕，将私钥保存起来，如图 12-9 所示。然后将公钥全选并复制，如图 12-10 所示。

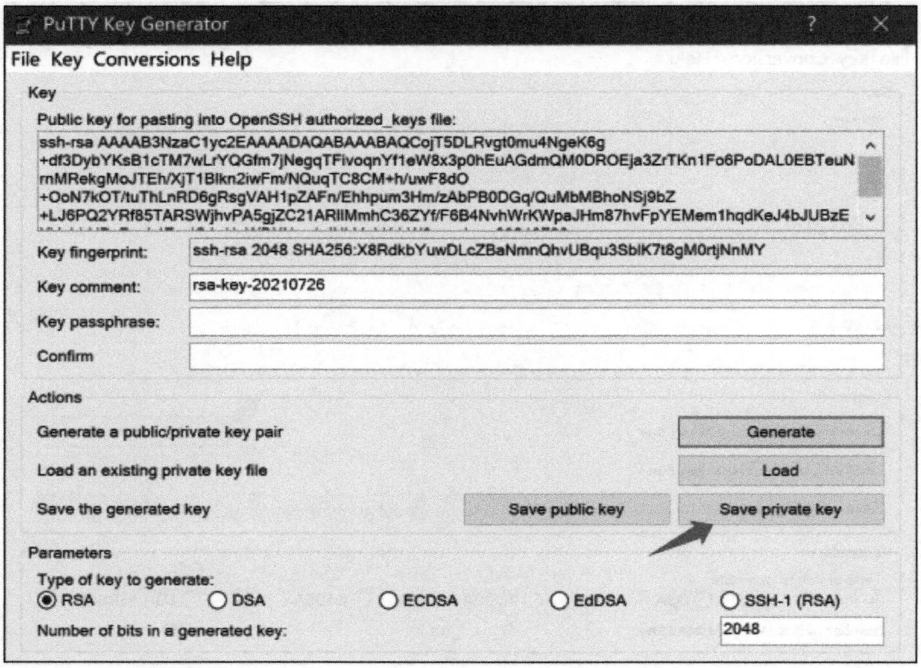

PuTTY Key Generator ? ×

File Key Conversions Help

Key

Public key for pasting into OpenSSH authorized_keys file:

ssh-rsa AAAAB3NzaC1yc2EAAAADAQABAAABAQCojT5DLRvgt0mu4NgeK6g
+df3DybYKsB1cTM7wLrYQGfm7jNegqTFivoqnYf1eW8x3p0hEuAGdmQM0DROEja3ZrTKn1Fo6PoDAL0EBTeuN
rnMRekgMoJTEh/XjT1Blkn2iwFm/NQuqTC8CM+h/uwF8dO
+OoN7kOT/tuThLnRD6gRsgVAH1pZAFn/Ehhpum3Hm/zAbPB0DGq/QuMbMBhoNSj9bZ
+LJ6PQ2YRf85TARSWjhvPA5gjZC21ARlIMmhC36ZYf/F6B4NvhWrKWpaJHm87hvFpYEMem1hqdKeJ4bJUBzE

Key fingerprint: ssh-rsa 2048 SHA256:X8RdkbYuwDLcZBaNmnQhvUBqu3SblK7t8gM0rtjNnMY

Key comment: rsa-key-20210726

Key passphrase:

Confirm

Actions

Generate a public/private key pair — Generate

Load an existing private key file — Load

Save the generated key — Save public key — Save private key

Parameters

Type of key to generate:

RSA　DSA　ECDSA　EdDSA　SSH-1 (RSA)

Number of bits in a generated key: 2048

图 12-9　保存私钥

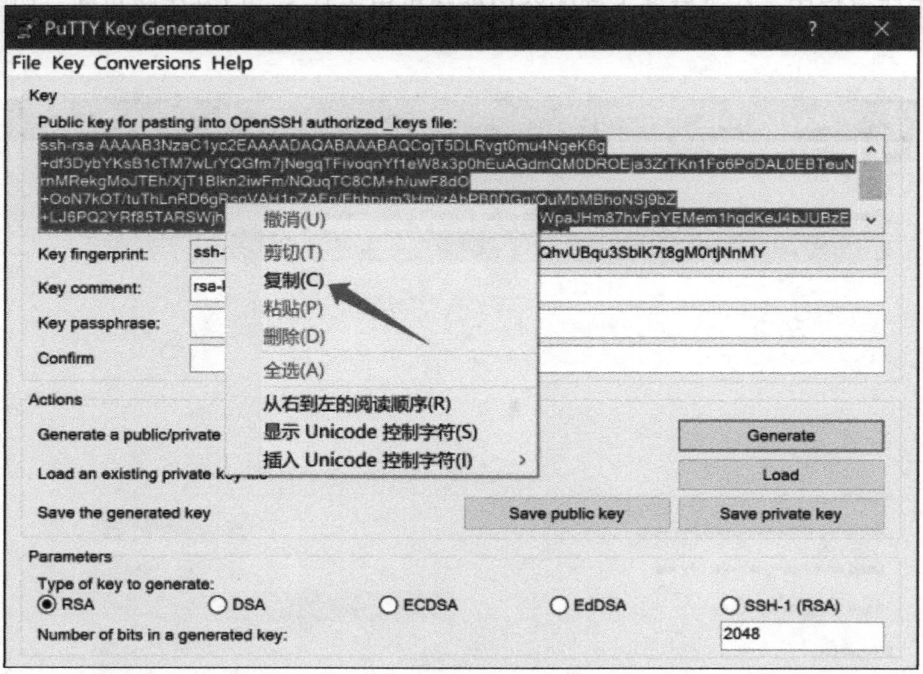

PuTTY Key Generator ? ×

File Key Conversions Help

Key

Public key for pasting into OpenSSH authorized_keys file:

ssh-rsa AAAAB3NzaC1yc2EAAAADAQABAAABAQCojT5DLRvgt0mu4NgeK6g
+df3DybYKsB1cTM7wLrYQGfm7jNegqTFivoqnYf1eW8x3p0hEuAGdmQM0DROEja3ZrTKn1Fo6PoDAL0EBTeuN
rnMRekgMoJTEh/XjT1Blkn2iwFm/NQuqTC8CM+h/uwF8dO
+OoN7kOT/tuThLnRD6gRsgVAH1pZAFn/Ehhpum3Hm/zAbPB0DGq/QuMbMBhoNSj9bZ
+LJ6PQ2YRf85TARSWjh … WpaJHm87hvFpYEMem1hqdKeJ4bJUBzE

撤消(U)

剪切(T)

复制(C)

粘贴(P)

删除(D)

全选(A)

从右到左的阅读顺序(R)

显示 Unicode 控制字符(S)

插入 Unicode 控制字符(I)

Key fingerprint: ssh- … QhvUBqu3SblK7t8gM0rtjNnMY

Key comment: rsa-

Key passphrase:

Confirm

Actions

Generate a public/private — Generate

Load an existing private key file — Load

Save the generated key — Save public key — Save private key

Parameters

Type of key to generate:

RSA　DSA　ECDSA　EdDSA　SSH-1 (RSA)

Number of bits in a generated key: 2048

图 12-10　全选并复制公钥

2. 远程主机配置

先正常使用 SSH 连接统信 UOS 主机，然后执行如下命令。

```
vim ~/.ssh/authorized_keys
```

按 I 键进入编辑模式，将刚才复制的公钥粘贴进去，如图 12-11 所示，然后按 Esc 键，输入 :wq 并按 Enter 键保存该文件。

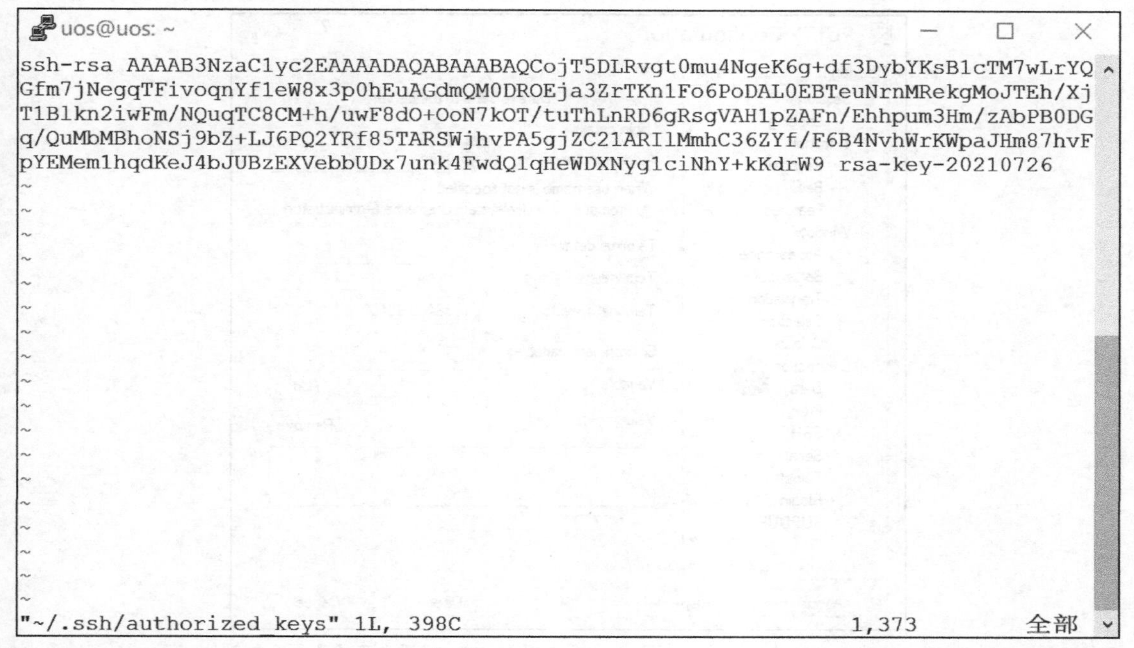

图 12-11　粘贴公钥

3. PuTTY 端配置

先加载原先保存的配置，如图 12-12 所示。

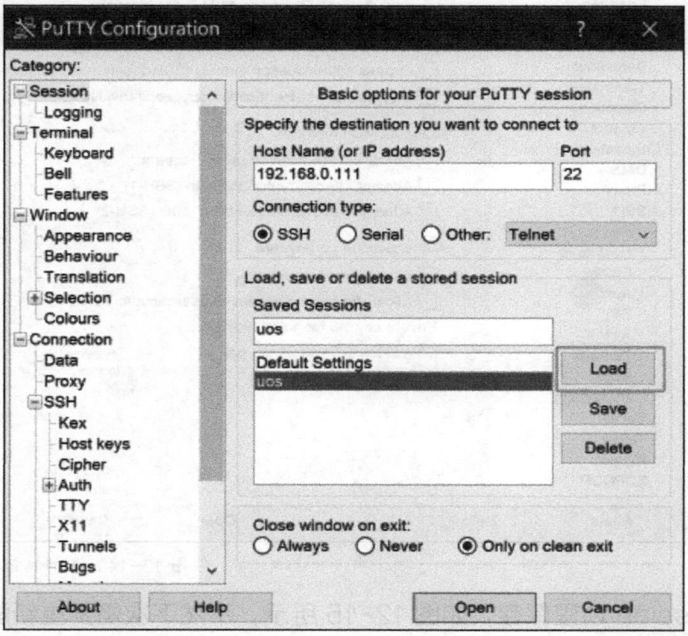

图 12-12　加载配置

在左侧文件列表中单击“Connection”-“Data”，在 Auto-login username 后设置自己的登录用户名，如图 12-13 所示。

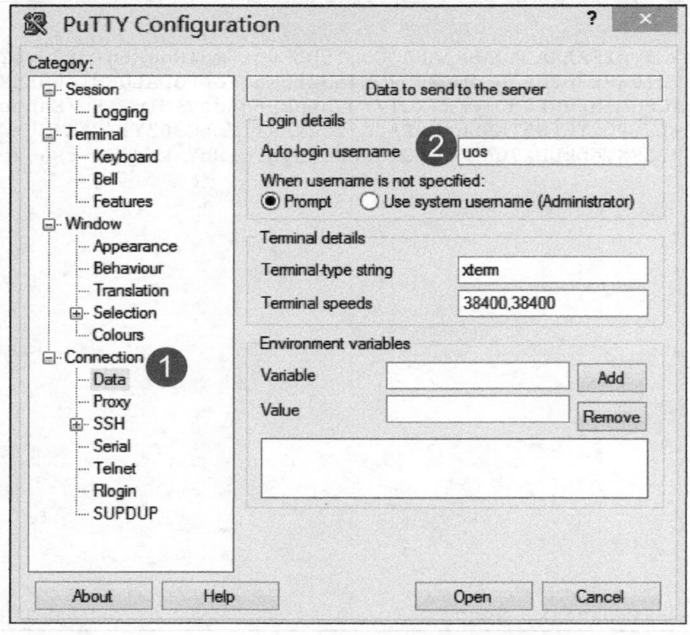

图 12-13 设置自己的登录用户名

单击 SSH 项中的“Auth”，添加第一步保存的私钥，如图 12-14 所示。

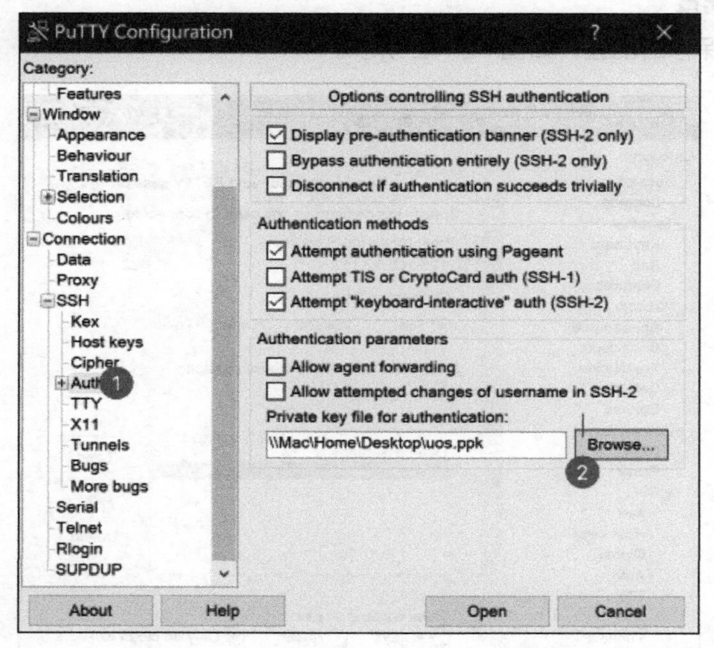

图 12-14 添加私钥

一定要在 Session 项里保存，如图 12-15 所示，不然下次需要重新配置。

双击刚刚保存的任务，就可直接登录，如图 12-16 所示。

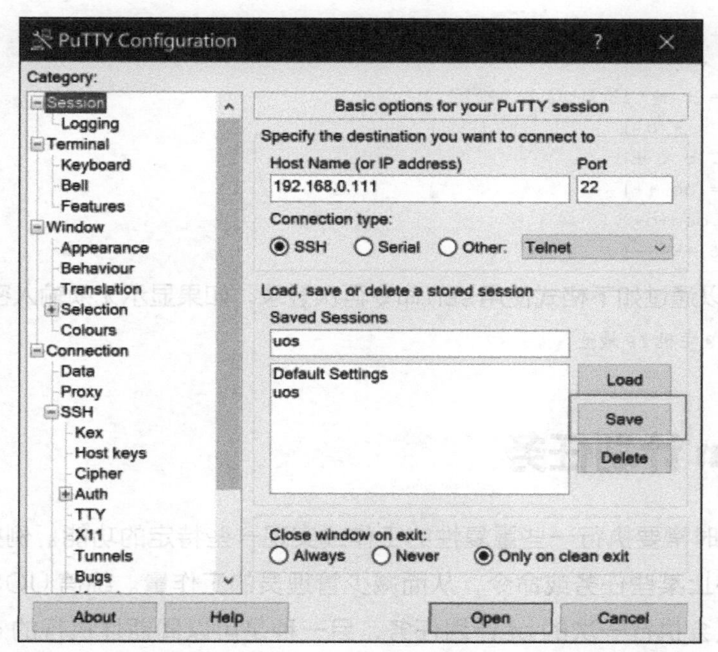

图 12-15 在 Session 项里保存

图 12-16 登录结果

若使用 Linux 或者 macOS 的主机访问统信 UOS 主机，用户可以在 SSH 登录的主机执行 ssh-keygen 命令生成密钥，实例如下。

```
$ ssh-keygen
Generating public/private rsa key pair.
Enter file in which to save the key (/Users/User/.ssh/id_rsa):  # 选择密钥保存的路径
Enter passphrase (empty for no passphrase): # 输入访问密钥的密码，按 Enter 键表示不需要密码
Enter same passphrase again:     # 重复刚才的密码，没有设置则直接按 Enter 键
Your identification has been saved in /Users/User/.ssh/id_rsa.
Your public key has been saved in /Users/User/.ssh/id_rsa.pub.
The key fingerprint is:
SHA256:jFePsbZXQm/bt5Oi6hlzj3+fAglhzNhJaK9DrqanGP4
$
The key's randomart image is:    # 密钥哈希图案
+---[RSA 3072]----+
|        B..      |
|       + B       |
```

```
|       . o + .   |
|        + + * .  |
|       + S = + + |
|        = . + + o|
| .     . .o..o . +|
|. o  +     =.oo ++|
| o.E=    .+.ooo+o+|
+----[SHA256]-----+
```

设置好后可以通过如下格式使用ssh命令再次登录，如果显示无须输入密码则设置成功。

```
$ ssh 用户名@主机IP地址
```

12.6 cron 计划任务

在工作中，时常要执行一些重复性的工作或实现一些特定的功能。例如：在指定的时间自动启用或停止某些任务或命令，从而减少管理员的工作量。统信 UOS 中有两种计划任务，一种是只会执行一次的 at 计划任务，另一种是可以周期性执行的 cron 计划任务。下面介绍 cron 计划任务，cron 命令语法格式如下。

```
* * * * * command
```

各项分别表示分（0 ~ 59）、时（0 ~ 23）、日（一个月中的第几天，1 ~ 31）、月（1 ~ 12）、星期（0 ~ 7，0 和 7 都表示星期日）、需要执行的命令。cron 命令符号及含义如表 12-2 所示。

表 12-2　cron 命令符号及含义

符号	含义
*	该范围内的任意时间
,	间隔的多个不连续时间点，例如“1,2,5,7,8,9”
–	一个连续的时间范围，例如“2-6”表示“2,3,4,5,6”
/	指定间隔的时间频率，例如“0-23/2”表示每 2 小时执行一次

实例及说明如下。

```
0 17 * * 1-5                  # 星期一到星期五每天17:00
30 8 * * 1,3,5                # 每星期一、三、五的8点30分
0 8-18/2 * * *                # 8时到18时之间每隔2小时
0 * */3 * *                   # 每隔3天
```

在统信 UOS 上编写定时 cron 计划任务的简要过程如下。

（1）在命令行中执行如下命令（以 root 用户登录）。

```
crontab -e
```

（2）打开一个文件，按 I 键，进入编辑模式，执行如下定时任务。

```
0 4 * * 1,3,5 /usr/local/bin/one_script.sh
```

one_script.sh 为定时执行的脚本，一定要使用绝对路径，保存文件，执行 :wq 命令即可。

（3）查看是否创建成功。

```
crontab -l
```

以下是创建另外一个 cron 计划任务的实例，目的是每分钟输出“UOS SYSTEM”。

（1）首先创建一个临时文件夹。

```
$ touch /tmp/UOSfile          # 创建临时文件夹
```

（2）初始化 crontab，需要 root 权限执行。

```
$ crontab -e -u root        # 第一次使用 crontab -e 时需选择编辑器
no crontab for root - using an empty one

Select an editor.  To change later, run 'select-editor'.
  1. /bin/nano        <---- easiest
  2. /usr/bin/vim.basic
  3. /usr/bin/vim.tiny
Choose 1-3 [1]:             # vim.basic 是完整版本的 vim;xim.tiny 是缩微版本的 vim，功能比较少
No modification made
```

（3）创建任务。

进入编辑器后在末尾添加如下命令。

```
*/1 * * * * echo "UOS SYSTEM" >> /tmp/UOSfile
```

（4）查看计划任务列表。

```
$ crontab -l -u root        # 查看某用户的计划任务列表，不指定用户则查看当前用户的计划任务列表
# Edit this file to introduce tasks to be run by cron.
#
# Each task to run has to be defined through a single line
# indicating with different fields when the task will be run
# and what command to run for the task
#
# To define the time you can provide concrete values for
# minute (m), hour (h), day of month (dom), month (mon),
# and day of week (dow) or use '*' in these fields (for 'any').
#
# Notice that tasks will be started based on the cron's system
# daemon's notion of time and timezones.
#
# Output of the crontab jobs (including errors) is sent through
# email to the user the crontab file belongs to (unless redirected).
#
# For example, you can run a backup of all your user accounts
# at 5 a.m every week with:
# 0 5 * * 1 tar -zcf /var/backups/home.tgz /home/
#
# For more information see the manual pages of crontab(5) and cron(8)
#
# m h  dom mon dow   command
*/1 * * * * echo "UOS SYSTEM" >> /tmp/UOSfile
```

第 13 章

统信 UOS 启动

在统信 UOS 启动时，屏幕上可以看到许多信息。只有了解统信 UOS 操作系统的启动环节，才能在后期更好地维护统信 UOS 计算机或服务器，快速定位系统问题，进而解决问题。

13.1 主要启动环节

统信 UOS 主要启动环节如图 13-1 所示，包括 4 个过程。

图 13-1 统信 UOS 主要启动环节

（1）开机自检。设备开机时，会有嘀的一声，自检开始，主要是检查计算机硬件，如 CPU、内存、主板、显卡等设备是否有故障。

（2）加载 BIOS（Basic Input/Output System，基本输入输出系统）。BIOS 自检，首先会在 Boot Sequence 程序中搜索可以让系统启动的引导设备（比如有时在 BIOS 中设置为从硬盘启动，或者从 CD-ROM 启动等），如果 BIOS 找不到可以引导的设备及相关程序，会启动失败；如果找到相关设备，则 BIOS 将控制权交给启动设备中的主引导记录（Master Boot Record，MBR）（与 EFI 稍有不同）。

（3）读取 MBR（或 GPT）。该记录大小为 512B，其中存放有预启动信息、分区表等；通过 GRUB 引导菜单，系统读取内存中的 GRUB 配置信息，并依照此配置信息来启动不同的操作系统。

（4）启动操作系统。先加载 kernel（内核），根据 GRUB 设定的内核镜像所在路径，系统读取内存镜像，并进行解压缩操作（内核文件都是以一种自解压的压缩格式存储以节省空间，存储于 /boot 目录下），自解压完成后，加载 init(systemd)，init 初始化 systemd 中所有进程的父进程，初始化系统环境，最后启动内核模块。

13.2 破解 root 密码

如果忘记 root 密码，需进入单用户模式，重新设置 root 密码，然后重启计算机。以下是破解 root 密码的步骤（不适用于专业版）。

- 在开机启动时，按 E 键进入统信 UOS 内核，然后进入 GRUB 引导菜单。
- 在引导菜单中，找到 linux vmlinuz-* 开头的行，并在末尾添加 rw init=/bin/bash。
- 然后按 Ctrl+X 或 F10 继续启动计算机。
- 启动后，在终端的命令行执行 passwd root 命令以修改 root 用户的密码。
- 修改密码后，执行 reboot -f 命令重启计算机，或手动重启计算机。

13.3 防止密码被破解

前文已介绍，可通过单用户模式破解系统密码，但可以通过给 GRUB 加密来防止破解。例如，执行如下命令。

```
grub-md5-crypt
Password:
Retype password:
grub.pbkdf2.sha512.10000.6D67AA5F717AFE93D368A57804BC21B136DCA9D30CBA6F74D9ABCBA32
E76B59758E04A5D0A766734EDE586DEA2EC3E7F786F127FB55C7922826455612B5406F5.30060B65CA
1D5736364D109C7CB6459E5E2851EFF460E43D72AAB8A592784B2D5353D9B51EE1EAFBC45AF739417C
FC5EC12EE92D546E9BC6A7BB58444BC27455
```

其中“grub-md5-crypt”是指用 MD5 加密算法生成一个配置文件，输入两次密码后，生成的长字符串“grub.pbkdf2.sha512……”就是密码加密后的字符串，复制该字符串，然后打开 GRUB 的配置文件，并将字符串粘贴到最后，具体如下。

```
vim /etc/grub.d/40_custom
set superusers="uos"
password_pbkdf2 uos
grub.pbkdf2.sha512.10000.6D67AA5F717AFE93D368A57804BC21B136DCA9D30CBA6F74D9ABCBA32
E76B59758E04A5D0A766734EDE586DEA2EC3E7F786F127FB55C7922826455612B5406F5.30060B65CA
1D5736364D109C7CB6459E5E2851EFF460E43D72AAB8A592784B2D5353D9B51EE1EAFBC45AF739417C
FC5EC12EE92D546E9BC6A7BB58444BC27455
```

保存文件并退出后，执行如下命令更新 GRUB。

```
update -grub
```

最后重启计算机，验证密码。

13.4 启动修复

统信 UOS 在启动过程中可能会出现一些故障，导致系统无法正常启动，可通过以下命令进行启动修复。

```
rm -rf /boot/*  #删除 /boot/ 目录下所有文件，这些文件将不能恢复
#然后关机，在 BIOS 设置光盘启动，安装统信 UOS 后，按 Ctrl+Alt+F2 进入命令行模式
sudo mount /dev/sda2 /mnt           #挂载根分区到 mnt 目录
sudo mount /dev/sda1 /mnt/boot        #挂载 /boot 分区
sudo mount --bind /dev /mnt/dev      #硬件设备，绑定（目录挂载到目录）
sudo mount --bind /proc /mnt/proc
sudo mount --bind /sys /mnt/sys
sudo cp -rf /boot/* /mnt/boot/  #将光盘引导 /boot 复制到系统 /boot
sudo chroot /mnt    #把根目录换成指定的目录
grub-install /dev/sda    #将 GRUB 安装到指定硬盘或分区上
update-grub     #更新 grub.conf
exit
reboot  #选择硬盘启动
```

第 14 章 网络管理

在日常生活中，我们随时随地都在使用网络。计算机网络能将计算机主机或者打印机等接口设备按照一定的规则连接起来，使得数据可以通过网络媒体（网线、网卡等硬件）传输。本章介绍统信 UOS 的网络管理。

14.1 网络连接管理

网络连接管理的目标对象是什么呢？实际上，网络连接管理是对网卡配置的管理。本节将从查看 IP 地址、管理网卡设备、修改网卡默认命名规则 3 个方面简要介绍网络连接管理。

14.1.1 查看 IP 地址的几种方法

统信 UOS 提供多种命令查看 IP 地址，下面进行介绍。

1. ifconfig 命令

ifconfig 命令可设置网络设备的状态，或显示目前的设置信息。在想要查看网卡的 IP 地址时，使用 ifconfig 命令是一种非常好的选择，命令如下。

```
[root@localhost ~]# ifconfig
```

输出结果如下。

```
ens33: flags=4163<UP,BROADCAST,RUNNING,MULTICAST>  mtu 1500
        inet 192.168.133.131  netmask 255.255.255.0  broadcast 192.168.133.255
        inet6 fe80::95d9:a30f:432b:62b3  prefixlen 64  scopeid 0x20<link>
        ether 02:fb:13:4b:e0:5a  txqueuelen 1000  (Ethernet)
        RX packets 8035  bytes 2325576 (2.2 MiB)
        RX errors 0  dropped 0  overruns 0  frame 0
        TX packets 1834  bytes 233394 (227.9 KiB)
        TX errors 0  dropped 0 overruns 0  carrier 0  collisions 0

lo: flags=73<UP,LOOPBACK,RUNNING>  mtu 65536
        inet 127.0.0.1  netmask 255.0.0.0
        inet6 ::1  prefixlen 128  scopeid 0x10<host>
        loop  txqueuelen 1000  (Local Loopback)
        RX packets 668  bytes 56956 (55.6 KiB)
        RX errors 0  dropped 0  overruns 0  frame 0
        TX packets 668  bytes 56956 (55.6 KiB)
        TX errors 0  dropped 0 overruns 0  carrier 0  collisions 0
```

其中，ens33 是真正的物理网卡；inet 是 IP 地址；netmask 是子网掩码；broadcast 是广播地址；inet6 是 IPv6 地址；ether 是以太网，后面是 MAC 地址。

lo 表示主机的回环地址，一般用来测试网络程序，禁止局域网或外网的用户查看，只能在此台主机上运行和查看所用的网络接口。

ifconfig 命令有很多选项和参数，语法格式如下。

```
[root@localhost ~]# ifconfig [网络设备][down up -allmulti -arp -promisc][add 地址][del 地址][硬件地址][media 网络媒介类型][mem_start 内存地址][metric 数目][mtu 字节][netmask 子网掩码][tunnel 地址][-broadcast 地址][-pointopoint 地址]
```

这些选项和参数详情如下。

- 网络设备：网络设备的名称。
- down：关闭指定的网络设备。

- up：启动指定的网络设备。
- -allmuti：关闭或启动指定接口的无区别模式。前面加上一个负号用于关闭该选项。
- -arp：打开或关闭指定接口上使用的 ARP。前面加上一个负号用于关闭该选项。
- -promisc：关闭或启动指定网络设备的 promiscuous 模式。前面加上一个负号用于关闭该选项。
- add 地址：设置网络设备的 IPv6 地址。
- del 地址：删除网络设备的 IPv6 地址。
- 硬件地址：硬件地址分物理地址和逻辑地址。其中物理地址指网卡物理地址存储器中存储的实际地址，逻辑地址就是 IP 地址。
- media 网络媒介类型：设置网络设备的媒介类型。
- mem_start 内存地址：设置网络设备在主内存所占用的起始地址。
- metric 数目：指定在计算数据包的转送次数时，所要加上的数目。
- mtu 字节：设置网络设备的 MTU。
- netmask 子网掩码：设置网络设备的子网掩码。
- tunnel 地址：建立 IPv4 与 IPv6 之间的隧道通信地址。
- -broadcast 地址：将要送往指定地址的数据包当成广播数据包来处理。
- -pointopoint 地址：与指定地址的网络设备建立直接连线，此模式具有保密功能。

2. ip addr show 命令

ip addr show 命令的用途与其名称直译一样，即显示 IP 地址。该命令的语法格式如下。

```
[root@localhost ~]# ip addr show
```

输出结果如下。

```
1: lo: <LOOPBACK,UP,LOWER_UP> mtu 65536 qdisc noqueue state UNKNOWN group default
qlen 1000
    link/loopback 00:00:00:00:00:00 brd 00:00:00:00:00:00
    inet 127.0.0.1/8 scope host lo
       valid_lft forever preferred_lft forever
    inet6 ::1/128 scope host
       valid_lft forever preferred_lft forever
2: ens33: <BROADCAST,MULTICAST,UP,LOWER_UP> mtu 1500 qdisc pfifo_fast state UP
group default qlen 1000
    link/ether 02:fb:13:4b:e0:5a brd ff:ff:ff:ff:ff:ff
    inet 192.168.133.131/24 brd 192.168.133.255 scope global noprefixroute dynamic
ens33
       valid_lft 1143sec preferred_lft 1143sec
    inet6 fe80::95d9:a30f:432b:62b3/64 scope link noprefixroute
       valid_lft forever preferred_lft forever
```

3. nmcli 命令

NetworkManager 是网卡配置管理服务，nmcli 命令在统信 UOS 中默认的网络服务由 NetworkManager 提供，这是动态控制及配置网络的守护进程，它用于保持当前网络设备及连接处于工作状态，同时支持传统 ifcfg 类型的配置文件。nmcli 命令使用方法如下。

```
[root@localhost ~]# nmcli
```

输出结果如下。

```
ens33: connected to ens33
        "Intel 82545EM"
        ethernet (e1000), 02:FB:13:4B:E0:5A, hw, mtu 1500
        ip4 default
        inet4 192.168.133.131/24
        route4 0.0.0.0/0
        route4 192.168.133.0/24
        inet6 fe80::95d9:a30f:432b:62b3/64
        route6 fe80::/64
        route6 ff00::/8
```

上述结果中 ethernet (e1000) 表示 MAC 地址，e1000 表示 Intel 公司的千兆网卡（半虚拟化网卡），inet4 表示 IPv4 地址，inet6 表示 IPv6 地址。

14.1.2 设备管理

统信 UOS 通过两套服务来管理网络，一套叫作 NetworkManager，另一套叫作 networking。

NetworkManager 是目前多种系统主推的网卡配置管理服务，一般处于 active (running) 状态，持续运行。networking 一般处于 active（exited）状态，并不运行，从而避免两套服务同时启动发生冲突。

设备管理实际上是对网络接口的管理。nmcli 是 NetworkManager 的命令行工具，nmcli device 子集可以实现对设备的管理。常用 nmcli device 命令及功能如表 14-1 所示。

表 14-1 常用 nmcli device 命令及功能

命令	功能
nmcli device show	查看网卡设备
nmcli device show | grep -i device | grep -v lo	添加一个网卡
nmcli device connect ens33	连接网卡设备（物理连接）
nmcli device disconnect ens33	关闭网卡设备

14.1.3 修改网卡默认命名规则

网卡命名习惯上使用 ethx 的形式，修改网卡默认命名规则比较简单，只需在配置文件中进行少许改动，步骤如下。

（1）打开配置文件。

```
[root@localhost ~]# vim /etc/default/grub
```

（2）为 GRUB_CMDLINE_LINUX 变量增加 2 个参数。

```
GRUB_CMDLINE_LINUX="net.ifnames=0 biosdevname=0"
```

（3）重新生成配置文件。

```
[root@localhost ~]# grub2-mkconfig -o /boot/grub2/grub.cfg
```

重新启动统信 UOS，就可以看到网卡名称已经变为 eth0。

14.2 配置 IP 地址

IP 是为计算机网络相互连接进行通信而设计的。在互联网中，它是能使连接到网上的所有计算机网络实现相互通信的一套规则。IP 给互联网上的每台计算机和其他设备都规定了一个唯一的地址，即 IP 地址。由于有这种唯一的地址，因此保证了用户在联网的计算机上操作时，能够高效而且方便地从千千万万台计算机中选出自己所需的对象。

IP 地址分为公有地址（Public Address）和私有地址（Private Address）。公有地址由国际互联网信息中心（Internet Network Information Center，InterNIC）负责。这些 IP 地址分配给向 InterNIC 提出注册申请的组织机构，他们通过这些 IP 地址直接访问因特网。私有地址属于非注册地址，专门为组织机构内部使用。

14.2.1 nmcli 相关命令

nmcli 是 NetworkManager 的命令行工具，统信 UOS 的网卡配置统一采用 nmcli 系列命令。其配置文件位于 /etc/NetworkManager/system-connections/ 目录下，部分命令功能如下。

显示网络接口信息的命令如下。

```
[root@localhost ~]# nmcli connection show
```

删除配置文件的命令如下。

```
[root@localhost ~]# nmcli connection delete ens33
```

重新生成配置文件并设置自动连接的命令如下。

```
[root@localhost ~]# nmcli connection add type ethernet con-name ens33 ifname ens33
connection.autoconnect yes
```

其中，con-name 是配置文件名；ifname 是设备名；connection.autoconnect 表示自动连接，可加可不加。

修改配置文件的命令如下。

```
[root@localhost ~]# nmcli connection modify ens33 ipv4.method manual ipv4.addresses
192.168.200.201/24 ipv4.gateway 192.168.200.2 ipv4.dns 114.114.114.114 connection.
autoconnect yes
```

通过 modify 修改配置文件，manual 表示手动修改。

启动配置文件的命令如下。

```
[root@localhost ~]# nmcli connection up ens33
```

重启服务查看的命令如下。

```
[root@localhost ~]# systemctl restart NetworkManager
```

14.2.2 临时配置 IP 地址

有些情况下需要为网卡配置一个仅临时使用的 IP 地址而不写入配置文件。此时可以通过如下命令临时配置 IP 地址。

```
[root@localhost ~]# ifconfig ens33 192.168.200.201/24
```

此命令可以将 ens33 的 IP 地址改为 192.168.200.201/24，但是并不会写入配置文件，因此配置是临时的。

想要恢复原 IP 地址只需进行如下步骤。

```
[root@localhost ~]# nmcli connection down ens33
[root@localhost ~]# nmcli connection up ens33
```

此时用 ifconfig 命令检查，就可发现 IP 地址已恢复。

14.2.3 一个网卡绑定多个 IP 地址

事实上，一个网卡可以有多个 IP 地址。执行如下命令。

```
[root@localhost ~]# nmcli connection modify ens33 ipv4.method manual +ipv4.
addresses "10.0.0.1/24"
```

> **注意** 第二个 ipv4 前一定要有“+”，才能额外增加地址。

此时配置并未生效，需要执行如下命令重启服务。

```
[root@localhost ~]# nmcli connection down ens33
[root@localhost ~]# nmcli connection up ens33
```

再次查看 IPv4 地址，就可以发现 10.0.0.1/24 也成为其地址。

14.3 IPv6 地址

IPv6 是英文 Internet Protocol Version 6（第 6 版互联网协议）的缩写，是互联网工程任务组（IETF）设计的用于替代 IPv4 的下一代 IP，其地址数量号称可以为全世界的每一粒沙子编上一个地址。由于 IPv4 最大的问题在于网络地址资源不足，严重制约了互联网的应用和发展。IPv6 的使用不仅能解决网络地址资源数量的问题，而且能解决多种接入设备连入互联网的障碍。

统信 UOS 上修改 IPv6 地址的方式与修改 IPv4 地址的方式基本一致，命令如下。

```
[root@localhost ~]# nmcli connection modify ens33 ipv6.method manual +ipv6.
addresses "2021::1/64"
[root@localhost ~]# nmcli connection down ens33
[root@localhost ~]# nmcli connection up ens33
```

此时查看 ens33 的状态，就可以发现 IPv6 的地址是 2021::1/64。

第 15 章 硬盘管理

硬盘管理直接关系到整个统信 UOS 的性能。作为一名统信 UOS 系统管理员，对于硬盘的操作必须非常熟练。

15.1 硬盘基础知识

1. 硬盘分区格式

硬盘分区格式有两种，一种是 GPT(GUID Partition Table)，另一种是 MBR(Master Boot Record)，这两种格式区别如下。

- GPT：支持 128 个主分区，支持 2TB 以上硬盘，新标准。
- MBR：在硬盘的第一扇区，支持 4 个主分区，旧标准。

2. 硬盘类型

硬盘主要包括两种类型：SATA（Serial Advanced Technology Attachment）/ SAS（Serial Attached SCSI）硬盘和 SSD（Solid State Disk 或 Solid State Drive）。使用 SATA/SAS 接口的硬盘又叫串口硬盘。SSD 也称作电子硬盘或者固态电子盘，是由控制单元和固态存储单元（DRAM 或 FLASH 芯片）组成的硬盘。这两种硬盘特点如下。

- SATA/SAS 硬盘：两者均属于串口硬盘，其中 SAS 硬盘即串行连接的 SCSI 硬盘，是新一代的 SCSI 硬盘，SATA 硬盘即串行连接的 ATA 硬盘。SAS 硬盘速度比 SATA 硬盘快，较 SATA 硬盘贵，多用于服务器中较重要的地方；SATA 硬盘具有容量大和便宜的特点，多用于备份。
- SSD：速度快，属于非机械硬盘。

3. BIOS

BIOS 是一种业界标准的固件接口，主要包括两种：Legacy 和 UEFI，区别如下。

- Legacy：传统的 BIOS。
- UEFI：新型 EFI BIOS，方便扩展 BIOS，需要在启动硬盘建 EFI 分区，以扩展 BIOS 的硬件驱动。

4. 硬盘逻辑结构

硬盘逻辑结构如图 15-1 所示，灰色环带为一圈圈的磁道，从圆心向外画直线，可以将磁道划分为若干段，每段被称为一个扇区。硬盘的盘体是由多个盘片重叠在一起构成的。硬盘磁面指一个盘片的两个面，即每个盘片有上下两个磁面。在硬盘中，一个磁面对应一个读写磁头，对硬盘进行读写操作时，不再使用磁面 0、磁面 1、磁面 2 定位，而是使用磁头 0、磁头 1、磁头 2 定位。硬盘在格式化

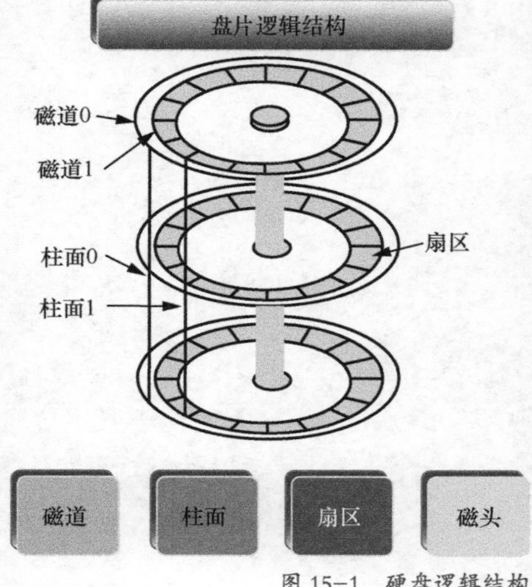

图 15-1　硬盘逻辑结构

时会划分出许多磁道，半径相同的磁道形成的面就称为柱面。硬盘在存储数据之前，一般需经过低级格式化、分区、高级格式化这 3 个步骤之后才能使用。其作用是在物理硬盘上建立一定的数据逻辑结构。

15.2 硬盘分区

硬盘分区指将硬盘空间划分成多个独立的区域，用来安装操作系统、应用程序或者存储数据等。对于某些操作系统而言，硬盘必须分区后才能使用，否则不能被识别。可通过 fdisk/dev/sda 命令查看硬盘分区类型，查看结果如下。

```
0  Empty           24  NEC DOS        81  Minix / old Lin bf  Solaris
1  FAT12           27  Hidden NTFS Win 82  Linux swap / So c1  DRDOS/sec (FAT-
2  XENIX root       39  Plan 9          83  Linux           c4  DRDOS/sec (FAT-
3  XENIX usr        3c  PartitionMagic  84  OS/2 hidden or  c6  DRDOS/sec (FAT-
4  FAT16 <32M       40  Venix 80286     85  Linux extended  c7  Syrinx
5  Extended         41  PPC PReP Boot   86  NTFS volume set da  Non-FS data
6  FAT16            42  SFS             87  NTFS volume set db  CP/M / CTOS / .
7  HPFS/NTFS/exFAT 4d  QNX4.x          88  Linux plaintext de  Dell Utility
8  AIX              4e  QNX4.x 2nd part 8e  Linux LVM       df  BootIt
9  AIX bootable     4f  QNX4.x 3rd part 93  Amoeba          e1  DOS access
a  OS/2 Boot Manag 50  OnTrack DM      94  Amoeba BBT      e3  DOS R/O
b  W95 FAT32        51  OnTrack DM6 Aux 9f  BSD/OS          e4  SpeedStor
c  W95 FAT32 (LBA) 52  CP/M            a0  IBM Thinkpad hi ea  Rufus alignment
e  W95 FAT16 (LBA) 53  OnTrack DM6 Aux a5  FreeBSD         eb  BeOS fs
f  W95 Ext'd (LBA)  54  OnTrackDM6      a6  OpenBSD         ee  GPT
10  OPUS            55  EZ-Drive        a7  NeXTSTEP        ef  EFI (FAT-12/16/
11  Hidden FAT12    56  Golden Bow      a8  Darwin UFS      f0  Linux/PA-RISC b
12  Compaq diagnost 5c  Priam Edisk     a9  NetBSD          f1  SpeedStor
14  Hidden FAT16 <3 61  SpeedStor       ab  Darwin boot     f4  SpeedStor
16  Hidden FAT16    63  GNU HURD or Sys af  HFS / HFS+      f2  DOS secondary
17  Hidden HPFS/NTF 64  Novell Netware  b7  BSDI fs         fb  VMware VMFS
18  AST SmartSleep  65  Novell Netware  b8  BSDI swap       fc  VMware VMKCORE
1b  Hidden W95 FAT3 70  DiskSecure Mult bb  Boot Wizard hid fd  Linux raid auto
1c  Hidden W95 FAT3 75  PC/IX           bc  Acronis FAT32 L fe  LANstep
1e  Hidden W95 FAT1 80  Old Minix       be  Solaris boot    ff  BBT
```

一般说来，硬盘分区由主分区、扩展分区和逻辑分区组成。如果硬盘采用 MBR 分区方式，则主分区最多只能有 4 个，或者 3 个主分区和 1 个扩展分区，在扩展分区上可创建多个逻辑分区。逻辑分区必须建立在扩展分区之上，主分区上不能建立。可以通过 fdisk 和 parted 命令分区。下面通过实例说明 fdisk 命令的使用过程。

下面以添加一块硬盘为例说明分区过程。

```
fdisk -l                              #列出硬盘设备情况，/dev/hda 或者 /dev/sdb 设备
fdisk /dev/sdb                        #操作具体硬盘
Command (m for help):                 #在这里按 M 键，就会输出帮助信息
Command action
a toggle a bootable flag
```

```
b edit bsd disklabel
c toggle the dos compatibility flag
d delete a partition                          # 删除一个分区
l list known partition types                  # 列出分区类型，以供设置相应分区的类型
m print this menu                             # 列出帮助信息
n add a new partition                         # 添加一个分区
o create a new empty DOS partition table
p print the partition table                   # 列出分区表
q quit without saving changes                 # 不保存，直接退出
s create a new empty Sun disklabel
t change a partition's system id              # 改变分区类型
u change display/entry units
v verify the partition table
w write table to disk and exit                # 把分区表写入硬盘并退出
x extra functionality (experts only)          # 扩展应用，专家功能
```

输入 n 并按 Enter 键，然后输入 p 并按 Enter 键，具体如下。

```
Command (m for help): n
Command action
   e   extended                               # 代表扩展分区
   p   primary partition (1-4)                # 代表主分区
p                                             # 代表选择 p 主分区
First sector (2048-2097151, default 2048):   # 默认从 2048 开始
Using default value 2048
Last sector, +sectors or +size{K,M,G} (2048-2097151, default 2097151): +1G
Command (m for help): w                       # 将分区写入分区表
Disk /dev/sdb: 1073 MB, 1073741824 bytes
255 heads, 63 sectors/track, 130 cylinders, total 2097152 sectors
Units = sectors of 1 * 512 = 512 bytes
Sector size (logical/physical): 512 bytes / 512 bytes
I/O size (minimum/optimal): 512 bytes / 512 bytes
Disk identifier: 0x94c5ab35
Device Boot      Start         End      Blocks   Id  System
/dev/sdb          2048       22527       10240   83  Linux
```

对硬盘进行分区后，可通过 mkfs 命令进行格式化，然后分区就可以使用了，命令如下。

```
mkfs.xfs /dev/sdb                             # 格式化为 XFS 格式
mkdir /sdb                                    # 创建 /sdb 目录
mount /dev/sdb /sdb                           # 将硬盘加载到目录 /sdb
df -h                                         # 查看硬盘占用的空间
```

分区完成后，进行文件系统格式化，再挂载 mount，挂载完毕就可以使用硬盘设备了。mount 硬盘挂载相关命令如下。

```
lsblk                                         # 用树形结构显示分区信息
blkid /dev/sdb                                # 查询设备上所采用的文件系统类型
mkdir /cipan                                  # 创建目录
mount /dev/sda3 /cipan/                       # 加载
df -h                                         # 查看硬盘占用的空间
```

15.3 交换分区

当系统的物理内存不够时，把硬盘中的一部分空间释放出来，以供当前运行的程序使用，这就是交换分区。下面介绍具体使用过程。

```
fdisk /dev/sdc                          # 对硬盘 sdc 进行分区
mkswap /dev/sdc2                        # 建立交换分区
swapon -a                               # 开启 /etc/fstab 文件中设置为 swap 的设备
swapon /dev/sdc2                        # 开启交换分区
swapon -s                               # 显示交换分区的信息
blkid                                   # 查看统信 UOS 上所有块设备与交换分区
```

如果要在启动的时候自动加载交换分区，则需要执行如下命令编辑 /etc/fstab 文件，把新的分区加入 /etc/fstab 文件中。

```
vim /etc/fstab
```

通过 blkid 命令将获取的如下 UUID（Universally Unique Identifier）信息加入该文件中即可。

```
UUID="246cb701-407c-4410-8fc0-106f224ac884"  none  swap  defaults  0 0
```

15.4 LVM

LVM（Logical Volume Manager，逻辑卷管理）是对硬盘分区进行管理的一种机制，是建立在硬盘和分区之上、文件系统之下的一个逻辑层，可提高硬盘分区管理的灵活性。下面是其使用过程中会用到的一些命令。

```
pvs  # 查看物理卷信息报表
pvcreate /dev/sdb2 /dev/sdb3                # 建立两个物理卷

vgs   # 显示有关卷组的信息
vgcreate uosvg /dev/sdb2 /dev/sdb3          # 创建 uosvg 卷组
vgs  # 显示有关卷组的信息
lvcreate -L 1.9G uosvg -n uoslv             # 分割 uoslv 逻辑卷
lvs    # 显示有关逻辑卷组的信息
mkfs.xfs /dev/uosvg/uoslv                   # 格式化

mkdir /uos # 创建目录
mount /dev/uosvg/uoslv /uos/                # 加载
df -h
```

15.5 硬盘配额

硬盘配额指管理员可对用户所能使用的硬盘空间进行限制，每个用户只能使用最大配额范围内的硬盘空间。可执行如下命令查看配额状态。

```
mount
```

在进行硬盘配额管理之前，需执行如下命令安装配额管理包。

```
apt install quota
```

将硬盘改为自动加载，需按如下方式修改 /etc/fstab 文件。

```
uuid=<uuid>    /dev/qinlv    /mnt/qinlv  xfs    defaults,usrquota,grpquota    0 0
```

执行如下命令激活配额检测（不用 xfs），系统执行 ext4 文件。

```
quotacheck -cvug /mnt/qinlv
```

例如执行如下命令，对用户 qin 设置最高 20MB、最多 6 个文件的配额。

```
setquota  -u qin 10240 20480 5 6 /mnt/qinlv
```

上述命令中，各个数字的含义如下。

- 10240：软空间限制。
- 20480：硬空间限制。
- 5：软文件数限制。
- 6：硬文件数限制。

设置硬盘配额后，可通过以下命令测试是否设置成功。

```
touch  /mnt/qinlv/qinfile{1..9}                              #创建 9 个文件
dd  if=/dev/zero of=/mnt/qinlv/qinfile1 bs=1M count=22    #if 表示源文件，of 表示目标文件
```

15.6 RAID

独立磁盘冗余阵列（Redundant Arrays of Independent Disks，RAID）指将很多个独立的硬盘，组合成一个容量巨大的硬盘组，将数据切割成许多区段，分别存放在各个硬盘上。

15.6.1 常见的 RAID

RAID 将存储数据的负载分散到更多的物理驱动器上，是保护硬盘和固态硬盘上应用程序数据的常用方法。常见的 RAID 技术及特点如下。

- RAID 0：最少需要两块硬盘，数据条带式分布；没有冗余，性能最佳（不存储镜像、校验信息）；不能应用于对数据安全性要求高的场合。
- RAID 1：所有数据都被写入两个独立的物理硬盘。硬盘本质上是彼此的镜像，如果一个硬盘出现故障，可以使用另一个硬盘来检索数据。最少需要两块硬盘，提供数据块冗余，所需硬盘空间增加一倍。
- RAID 5：最少 3 块硬盘，数据条带式分布；以奇偶校验作冗余；适合多读少写的情景，是性能与数据冗余最佳的折中方案。
- RAID 10：最少需要 4 块硬盘，先按 RAID 0 分成两组，再分别对两组按 RAID 1 方式存储镜像；兼顾冗余（提供镜像存储）和性能（数据条带式分布）；在实际应用中较为常用。

15.6.2 mdadm 工具

mdadm 是一个用于创建、管理、监控 RAID 设备的工具，能完成 RAID 的管理功能。该工具有 Create 创建模式、Assemble 组装模式、Build 增强模式、Manage 管理模式、Misc 查询模式、Grow 增长模式和 Monitor 监视模式等 7 种工作模式，主要选项及其作用如下。

- -C：进入创建模式。
- -n #：使用几个块设备来创建此 RAID。
- -l #：指明要创建的 RAID 的级别。
- -a {yes|no}：自动创建目标 RAID 设备的设备文件。
- -c CHUNK_SIZE：指明块大小，单位为 KB。
- -x #：指明空闲盘的个数。
- -D：显示 RAID 的详细信息。

最常用的是管理模式，主要选项及功能如下。

- -f：标记指定硬盘为损坏。
- -a：添加硬盘。
- -r：移除硬盘。

后续内容将介绍 RAID 的实验过程。

15.6.3 实例

1. RAID 0

RAID 0 需要两块硬盘，因此首先添加两块硬盘，并分区，然后执行如下命令。

```
fdisk -l | grep "Disk /dev/sd"                              #查找硬盘
mdadm -C /dev/md0 -a yes -l 0 -n 2 /dev/sdb1 /dev/sdc1     #创建新的软 RAID
mkfs.xfs /dev/md0                                           #格式化
mkdir /mnt/md0                                              #创建目录
mount /dev/md0 /mnt/md0                                     #加载
dd if=/dev/zero of=/mnt/md0/md0test bs=1M count=500         #复制文件
df - Th                                                     #查看硬盘占用的空间
mdadm -D /dev/md0                                           #输出指定 RAID 详细信息
```

如执行成功，可看到 RAID 0 的详细信息。

2. RAID 1

RAID 1 也需要两块硬盘，命令执行过程与 RAID 0 的基本类似，具体如下。

```
mdadm -C /dev/md1 -a yes -l 1 -n 2 /dev/sdb2  /dev/sdc2
mkfs.xfs /dev/md1
mkdir /mnt/md1
mount /dev/md1 /mnt/md1
dd if=/dev/zero of=/mnt/md1/md1test bs=1M count=500
df -Th
mdadm -D /dev/md1
```

如执行成功，可看到 RAID 1 的详细信息。

3. RAID 5

RAID 5 需要另外添加 3 块硬盘，命令执行过程与 RAID 0 的基本类似，具体如下。

```
#对 /dev/md5 进行 RAID 5 处理
mdadm -C /dev/md5 -a yes -l 5 -n 3 /dev/sdb3  /dev/sdc3  /dev/sdd3
mkfs.xfs /dev/md5
mkdir /mnt/md5
mount /dev/md5 /mnt/md5
dd if=/dev/zero of=/mnt/md5/md5test bs=1M count=500
df -Th
mdadm -D /dev/md5
```

如执行成功，可看到 RAID 5 的详细信息。

4. RAID 5 更换硬盘

如果一个硬盘损坏，需进行硬盘更换，命令如下。

```
dd if=/dev/zero of=/mnt/md5/md5file bs=1M count=1000
df -Th
umount /mnt/md5
mdadm /dev/md5 -f /dev/sdd3                     #标记 /dev/sdd3 为坏盘
mdadm -D /dev/md5
mount /dev/md5 /mnt/md5/
ls -l  /mnt/md5/
df -Th
mdadm /dev/md5 -r /dev/sdd3                     #热拔 /dev/sdd3
mdadm -D /dev/md5                               #显示仅剩两块硬盘
mdadm /dev/md5 -a /dev/sdd3                     #重新添加 /dev/sdd3
mdadm -D /dev/md5                               #快速查看，可看到同步数据百分比变化
mount /dev/md5 /mnt/md5
ls -l  /mnt/md5
```

如执行成功，可使用 ls 命令显示 /mnt/md5 目录的详细信息。

5. RAID 5 热备份

RAID 5 只允许其中有一块损坏，如果同时损坏两块及以上硬盘，数据就会丢失，但可指定一个空闲硬盘进行热备份，使其在发生故障时自动替换坏的硬盘，具体如下。

```
#创建 RAID 5，其中 x 指明空闲盘个数
mdadm -C /dev/md5x -a yes -l 5 -n 3 -x 1 /dev/sdb4 /dev/sdc4 /dev/sdd4 /dev/sde4
mkfs.xfs /dev/md5x                              #格式化
mkdir /mnt/md5x                                 #创建目录
mount /dev/md5x /mnt/md5x
dd if=/dev/zero of=/mnt/md5x/md5xtest bs=1M count=500
df -Th
mdadm -D /dev/md6 #自动更换
```

如执行成功，当硬盘故障时，空闲硬盘自动替换坏的硬盘。

6. RAID 10 创建

RAID 10 可像 RAID 0，数据可跨磁盘抽取；也可像 RAID 1 一样，每个磁盘都有一个镜像磁盘，所以 RAID 10 的另一种会说法是 RAID 0+1。RAID 10 提供一倍的数据冗余，支持更大的卷尺寸，但价格也相对较高。对大多数只要求具有冗余度而不必考虑价格的应用来说，RAID 10 提供最好的性能。RAID 10 就是由两个 RAID 1 组成 RAID 0 的级别，RAID 1 需要两块磁盘，RAID 0 也需要两块磁盘，所以 RAID 10 就需要四块磁盘，完成 RAID 10 可以先做两个 RAID 1，再做一个 RAID 0，具体如下。

```
#创建 RAID10
mdadm --create /dev/md1 --level=1 --raid-devices=2 /dev/sd{b,c}1
mdadm --create /dev/md2 --level=1 --raid-devices=2 /dev/sd{d,e}1
mdadm --create /dev/md3 --level=10 --raid-devices=2 /dev/md{1,2}
```